# 獻給諸位女神裝置的主人

本書收錄HOBBY JAPAN月刊自2017年2月號起

至2019年10月號為止，加上2020年3月號特輯企劃，

還有HOBBY JAPAN extra AUTUMN等書籍中介紹過的39名女神，

以及本書獨家的2名女神新作，可說是一本展現女神裝置多元魅力的作品集。

各方職業模型師一展身手，憑藉豐富想像力創造出諸多美豔動人的女神。

女神裝置系列塑膠套件，說穿是尚待琢磨的珠寶原石。

各位何不試著以她們為藍本，進而創造出只屬於自己的女神？

在創造原創女神裝置的過程中，若是本書能提供些許助力，

那將會是我們的榮幸。

# MEGAMI DEVICE
# MODELING COLLECTION
## 女神裝置模型精選集

# CONTENTS

KOTOBUKIYA 1/1 scale plastic kit
MEGAMI DEVICE WISM・SOLDIER
ASSAULT/SCOUT use
MEGAMI DEVICE WISM・SOLDIER
ASSAULT/SCOUT
COMMANDER TYPE A
modeled&described by
Hiroshi UEDA

# 最初的女神

## 經由武裝強化構成指揮官型

首先要介紹使用本系列首作「女神裝置 WISM・士兵 突擊／偵察」做出的改造範例。這件範例乃是以商品本身的概念為準，經由賦予原創性的方式製作而成。擔綱的模型師為上田浩。透過添加掉漆痕跡等舊化表現，造就一件亦具有十足軍武風格的作品。

壽屋 1/1比例 塑膠套件
使用女神裝置 WISM 士兵 突擊／偵察

## 女神裝置 WISM・士兵 突擊／偵察
## 指揮官型A裝備
製作、撰文／上田浩

◀臉部零件使用附屬的水貼紙。髮型是利用AB補土自製「慵懶蓬鬆系捲髮」風格雙馬尾版本。機械型頭部也將護目鏡自行雕刻成雙眼風格。頭盔本身則是先將帽簷削平，再用剩餘零件搭配保麗補土做出2種眼罩，供突擊／偵察這兩種形態替換組裝使用。

**偵察型**
▼配備4具旋翼的偵察用飛行組件，能長程飛行和氣墊行進。備有VR式偵察用眼罩，能將偵察機所得資訊直接投影到五感上。

▲突擊型機種備有以M.S.G HW-01 強力步槍為基礎的武裝。發動機部位也是拿剩餘零件拼裝出煞有其事的造型。

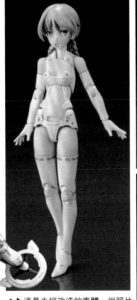

▲▶這是未經改造的素體。從照片中可知，由於可動部位相當多，加上備有精巧的零件分割設計和可動機構，因此兼顧優美的身材曲線。

▲偵察型的圓形裝置，還有背後和腳部旋翼組件均是運用數位3D成形方式做出的。雖然範例中採用難度較高的方式來自製武裝，不過用剩餘零件和M.S.G系列其實也能做出具有類似風格的組件，各位不妨試著挑戰看看。至於步槍則是以套件原有的為基礎，經由拼裝偵察型的機翼零件製作而成。

■ **素體模式**
　　基本上主體是無改造直接製作完成，僅為較醒目的接合線進行無縫處理，並全面施加塗裝。美少女頭部選用偵察型的版本，替換用髮型是利用AB補土自製「慵懶蓬鬆系捲髮」風格雙馬尾版本。

■ **武裝模式**
　　機械臉僅追加雕刻雙眼式細部結構，而且還追加設置用剩餘零件搭配保麗補土做出的眼罩。可自由裝卸的膝裝甲則是運用數位3D成形方式製作出來。
　　作為突擊型用裝備的標準武裝，這部分是以壽屋製M.S.G系列的武器為主體，拼裝剩餘零件來做出步槍。偵察型用的重點在於「裝置」這個關鍵字，該裝備是以蔚為話題的家電產品為藍本製作而成。這些裝備全都是運用數位3D成形方式做出的。

■ **塗裝**
膚色＝底色白＋人物膚色（1）＋人物膚色（2），然後用人物膚色（2）施加光影塗裝
頭髮＝人物膚色（1）＋黃橙色＋桃心花木色＋沙黃色
頭髮高光＝人物膚色（1）（使用棕色施加水洗效果）
白＝底色白
黑＝午夜藍
灰＝機械部位用淺色底漆補土
藍＝在白色上用色之源 青色噴塗覆蓋
綠＝在白色上用螢光綠噴塗覆蓋
紅＝超亮紅＋洋紅＋黑色少許（先在遮蓋膠帶上塗裝出紅色線條後，再貼上這個具有紅色條紋的貼紙）
　　舊化時是拿海綿搭配老舊漆筆用近乎黑色的灰色施加掉漆痕跡，然後局部用棕色琺瑯漆施加濾化。

▲為取自TOMYTEC製迷你兵工廠系列的「M240B TYPE GUIDE」施加局部改造，作為原創武裝使用。

◀本範例唯一改造的部位，就是在頭盔與臉部相接處的瀏海和護頸。這部分是先將原有頭髮零件的瀏海分割開來，並且將頭盔的帽簷內側削掉一些，以便將瀏海部位強行黏合固定在該處。至於護頸則是從原有零件上分割開來後，改用雙面膠帶來固定。臉部還能經由替換組裝重現望向前方、往左看，以及望向右方吶喊這幾種神情。

# 軍武風格提案
# 看起來如何呢？

## 推薦更換配色來呈現的玩法

接著要介紹更改配色的玩法。這件範例讓套件本身維持原樣，僅將配色更改為洋溢著十足軍武風格的自衛隊塗裝。配合前述更動，攜行武裝也更換為取自TOMYTEC製迷你兵工廠系列的裝備。可說是僅靠塗裝就改變整體形象的絕佳範例，還請各位參考品味一番。

KOTOBUKIYA 1/1 scale plastic kit
MEGAMI DEVICE WISM·SOLDIER SCOUT
modeled&described by Manabau KIMURA

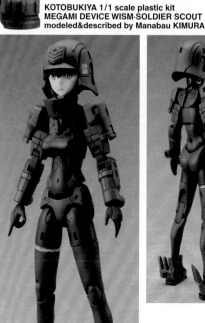

▲維持套件既有的寬廣可動範圍，自由地擺設各種動作架勢。取自迷你兵工廠系列的步槍無須改造就能持拿在手中。

壽屋
1/1比例 塑膠套件
使用女神裝置 WISM·士兵
突擊/偵察

# 女神裝置
# WISM·士兵
# 偵察

製作、撰文／**木村 学**

作為素體的人型機甲能夠輕鬆地為零件進行無縫處理，不用多久就能組裝完成。只要選用TAMIYA製速乾性流動型模型膠水來黏合零件，花個半天時間就能進展到噴塗底漆補土的階段。武裝護甲是從GSI Creos製陸上自衛隊戰車色套組中直接選用深綠色來塗裝，灰色部位則選用德國灰和鋼彈專用漆的MS灰吉翁系。右大腿處黃色線條是拿市售的線條類水貼紙來呈現。接著使用Mr.舊化漆的地棕色施加水洗後，再利用海綿添加掉漆痕跡，最後更施加乾刷。

## 出自職業模型師之手
## 活動展示用作品一次展演！

2016年12月17日～25日這段期間，壽屋秋葉原館5樓壽屋秋葉原基地舉辦的「女神裝置發售紀念展示會」中展出諸多本系列作品，在此則要一舉介紹其中出自HOBBY JAPAN月刊旗下職業模型師之手的作品群。還請各位仔細品味這些在自由發揮感性下創造出的女神們，以及出自各個作者的作品簡介。

女神競演

**FILE 01 女神裝置圓形劇場「黑鴉少女」**
製作者>>> WildRiver 荒川直人

靠著長程步槍這挺愛用武器射穿獵物的頭部。如同烏鴉羽翼般的黑色感測防禦斗篷則是用來隱藏自身蹤跡。

**FILE 02 WISM 諜報人員**
製作者>>> AmberWorks

不分國內外大顯身手的諜報人員。行動時必定是兩人一組。採用有別於一般女神的特殊連線系統，得以共享所有的大小資訊。

## FILE 03　大地鐵騎
製作者 >>> 伊原源造（DrunkDog／源工房）

這是騎乘機車型機具的女神。身體改裝成具有吸收衝擊力機能的騎士服形態，在防禦面上具備優秀的性能。

## FILE 04　雷火
製作者 >>> 鬼頭榮作

為具備高度偵察能力的偵察型配備大型飛行組件與擴散型電磁脈衝砲，構成長程飛行狙擊型。

## FILE 05　文具裝置
製作者 >>> 小林和史（モデリズム）

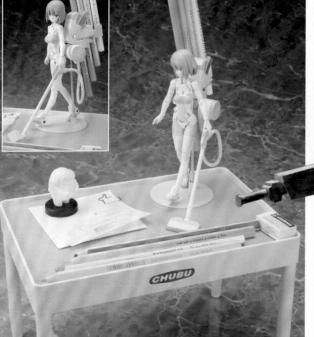

這是能夠在主人畫書時提供支援的裝置。背著經常使用到的鉛筆和畫筆，背後還設置削鉛筆機。更備有清理碎屑用的迷你吸塵器。

## FILE 06　V- 狙擊手
製作者 >>> 新川洋司

配備輸出功率比一般型增加20％的雙重狙擊步槍。雖然身體施加抗雷射覆膜，但這部分不僅耐用性低，還很容易劣化。

## FILE 07　HH 2037 春夏發表會
製作者＞＞＞デコマスラボ広瀬裕之

這是 2037 年時尚發表會中作為主視覺圖所採用的 HH 最新產品。將焦點放在新穎時尚上的構想為這場發表會帶來莫大震撼。

## FILE 08　VENUS ARROWS
製作者＞＞＞どろぼうひげ

弓上配備的標準瞄準器能顯示光學望遠攝影機所得影像，以及測量拉弦張力計算出的箭著點，得以發揮極高的命中精準度。發射時還會在腳邊產生魔法陣。

## FILE 09　WISM・SOLDIER AERIAL
製作者＞＞＞NAOKI

這是主要供空／海軍部署的組件。機動性和單一機體的作戰行動範圍都相當出色。還兼具能因應作戰行動需求更換裝備的通用性。

## FILE 10　Randonneuse！
製作者＞＞＞柳生圭太

這是長程地面移動用輕型組件。主要是配備能因應空力性能需求的頭部保護組件。由於具備從女神腿部製造轉動能量提供給雙輪的構造，行進時無須使用到燃料。

FILE
11

### [2046]
製作者＞＞＞@ yuko_x_Am（ゆこたんヌ）

以女神裝置於2046年正式開始運作為主題，利用「20顆珍珠與46條緞帶」搭配而成的新娘型女神。

女神裝置乃是以出自淺井真紀老師設計的「人型機甲」為核心，整個系列交由各方實力派設計師自由揮灑創意就出的1/1比例模型。無論是想趕快組裝好拿來疼愛一番也好、仔細改造完成全世界獨一無二的原創女神也罷，塑膠模型特有的自由發揮空間都能讓大家樂在其中。

從今開始還請各位一同享受這份樂趣，直到永遠！女神裝置會全力為所有樂於「製作」、「造物」、「創新」的人加油。

鳥山とりを（女神裝置製作人）

FILE
12

### 模擬戰（比預料得更認真）
製作者＞＞＞鳥山とりを（女神裝置P）

這是配備雙動式噴筆的中程支援型，能將任意液體以霧狀形態從噴嘴發射。不過這原本是人類用的金屬製工具，難以靈活操控，所以當作固定砲台使用就已經是極限了。附帶一提，噴嘴口徑為最易於使用的0.3mm。

## 將遠距離狙擊／近戰格鬥改造成 突襲型的女神！

　　這是使用女神裝置系列第2作「WISM・遠距離狙擊／近戰格鬥」完成的範例。以遠距離狙擊型為中心，運用同公司的M.S.G系列配備大型斧矛、長程步槍、衝鋒槍，以及廓爾克刀等豐富武裝。由於擅長先進行長程狙擊將敵人玩弄於鼓掌間，再拉近距離用斧矛和廓爾克刀殲滅剩餘敵人的攻擊方式，再加上其配色還有配備多眼型面罩，因此被稱為「紅蜘蛛」。這件範例乃是出自以本作品正式在HOBBY JAPAN月刊上出道的高中生模型師相樂ヒナト之手。憑藉向來擅長的舊化塗裝，範例中徹底將女神裝置所擁有的軍武系魅力發揮至極限。

壽屋 1/1比例 塑膠套件
改造自女神裝置 WISM・士兵　遠距離狙擊／近戰格鬥

**女神裝置
WISM・士兵 遠距離狙擊型改
紅蜘蛛**
製作、撰文／相樂ヒナト

被稱為紅蜘蛛的女神

▲斧矛是以M.S.G激光斬刃為基礎，將柄部等處用塑膠材料重製而成。

▲遠距離狙擊型的頭部是將瀏海雕刻得更具銳利感。後側頭髮也利用瞬間補土追加製作束髮。頭頂翹髮是以經過彎曲的0.5mm黃銅線為基礎，用瞬間補土還原造型。

▲衝鋒槍是以M.S.G雙衝鋒槍為基礎，用塑膠材料等物品自製與背包相連的連接臂。細部結構也刻意調整成具有共通性的風格，以免與主體之間產生不協調感。

▲作為機體名稱由來的多眼型面罩，具有夜視鏡頭的機能。這部分是先在原有的零件上鑽挖開孔並且雕出細部結構，再黏貼HIQPARTS製金屬質感貼片，然後用紫外線硬化樹脂做出感測器而成。

▲亦製作近戰格鬥型的頭部和臂部零件。只要替換
組裝零件後，即可呈現近戰格鬥型的面貌。

▲製作女性素體用的零件。如同照片中所示，
可另行構成近戰格鬥型的未武裝型態。

## ■ 頭部

### ○遠距離狙擊型

瀏海和後側頭髮均雕刻得更具銳利感。由
於後側頭髮的造型顯單調點，因此除自行雕
刻該處之外，亦利用瞬間補土追加束髮狀造
型。套件原有髮型總給人少些什麼的感覺，
於是便以彎曲後的0.5mm黃銅線為基礎，搭
配瞬間補土做出往下垂的翹髮。

### ○近戰格鬥型

這個形態僅經由基礎作業組裝完成。

### ○頭盔／面罩

原有的零件造型較呆板，但這裡應該要能
凸顯出作品的個性才對。因此這次便以蜘蛛
和4具夜視眼罩為藍本，打算做成多眼規
格；作為整體的點綴，還運用HIQPARTS製
金屬質感貼片和紫外線硬化樹脂來製作出圓
形的小眼睛。

## ■ 小腿裝甲

這部分是以腿部的接合線位置為準，自行
削磨補土製作而成。配備在側面的廓爾克刀
取自M.S.G迴旋鏢與鐮刀，並裝設在以塑膠
板自製的刀鞘裡。

## ■ 斧矛

沿用M.S.G HW-05的激光斬刀，以塑膠
材料為主自製柄部與手腕、柄部和刀刃兩處
的連接部位。

## ■ 肩部衝鋒槍

以M.S.G雙衝鋒槍為基礎，自製可供裝設
至背包上的連接臂。不只這個部分，各自製
零件都盡可能地加上與套件本身共通的細部

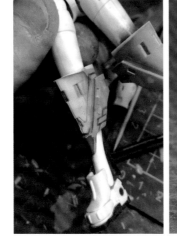

◀小腿裝甲是以腿部的
接合線位置為準，自行
削磨補土做出的。配備
在側面的廓爾克刀取自
M.S.G迴旋鏢與鐮刀，
更以塑膠板自製刀鞘後
佩掛在該處。廓爾克刀
可以從刀鞘中取出，並
且供女神持拿。

結構，營造出整體感。

## ■ 基本塗裝

以緊貼著身體的部分來說，理應是琺瑯系
材質之類的軟質素材，除此以外應該會是堅
硬的金屬才對，因此分別詮釋成半光澤和消
光質感。

未特別標注的塗料都是使用gaiacolor。

主體紅＝Finisher's深紅
主體灰1＝Mr.COLOR木棕色、Mr.COLOR
黃色、Ex-黑
主體灰2＝Ex-黑、膚色
主體黑＝Ex-黑、Mr.COLOR木棕色

近戰格鬥型肌膚＝膚色、山茶色
近戰格鬥型頭髮＝膚色、Mr.COLOR木棕色
遠距離狙擊型肌膚＝終極白、膚色
遠距離狙擊型頭髮＝Ex-黑、鋼彈專用漆迪
坦斯藍

## ■ 舊化

用油畫顏料的焦土色施加水洗、添加掉漆
痕跡後，再用白色為一部分地方重疊上色，
營造出褪色表現。

# 冠上
# 刺魟之名的
# 女神

/1比例 塑膠套件
神裝置 WISM・士兵　遠距離狙擊／近戰格鬥

申裝置
客型「魟」

撰文／鳥山とりを

## 由製作人親自發揮
## 女神的樂趣

本系列第2作「遠距離狙擊／近戰格鬥」的第2件範例，正是出身為女神裝置系列製作人，同時也是一位職業模型師的鳥山とりを先生之手。本範例的製作概念為「盡可能僅沿用少量的零件，來營造出獨創性」；換句話說，目的正是造就一件無須大幅度加工，輕鬆享受製做模型樂趣的作品。以魟魚這種海洋生物為藍本，採用粉色調塗裝來營造出整體感，呈現與先前幾件軍武風格作品截然不同的氣息，拓展女神所蘊含的可能性。從頭部後側延伸出來，宛如魟魚尾巴的全可動配件，同樣也是充滿魅力的重點之一呢。

▲這是由WISM士兵改造而成的機體。特徵在於頭部和大腿設有多功能掛架，以及備有能夠自由彎曲活動的尾部組件和戰術機械臂。這些部位均能用來持拿或掛載各式武器零件，因此具備高度的擴充性。擅長的戰鬥方法是先靜悄悄地接近對手，再用尾部組件上的短刀突然刺擊對方。由於整體的輪廓有點像魟魚這種海洋生物，因此便以刺魟的「魟」作為代號。

KOTOBUKIYA 1/1 scale plastic kit
MEGAMI DEVICE WISM・SOLDIER
ASSAULT/SCOUT conversion
MEGAMI DEVICE ASSASSIN TYPE "RAY"
modeled&described by Torriwo TORIYAMA

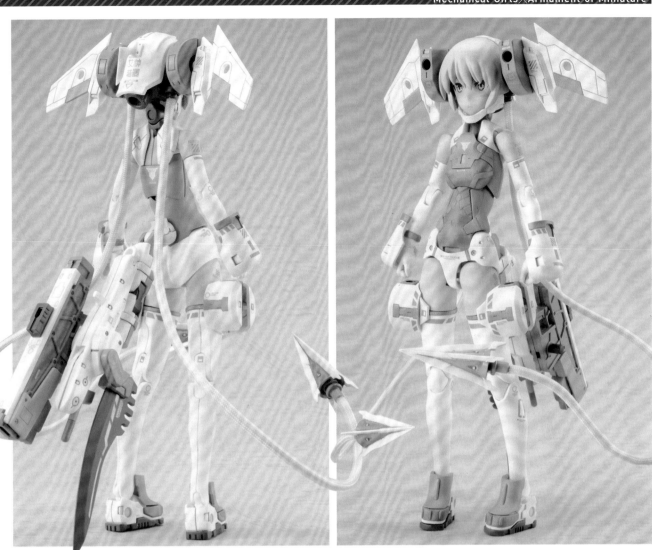

頭部是以突擊型為基礎，之所以在頭部後側設置頭盔，用意在於提高「機械少女」感。頭部兩側還增設球形組裝槽，以便掛載各式武器。球形組裝槽是分割移植自套件本身附屬展示台座的可動部位。

加工才能順利連接，不過除此以外也只要簡單調整，即可塑造出整體的外形。

▶製作中的全身照。手腕拳甲移植自肩裝甲。雖然必須經過

▶從頭部後側延伸出來的配件，是將直徑1.5mm黃銅線穿進M.S.G網紋管組件中，讓這個部分能自由自在地彎曲。末端還裝設取自M.S.G暴力衝角的零件，以便表現出如同虹魚尾巴的造型。

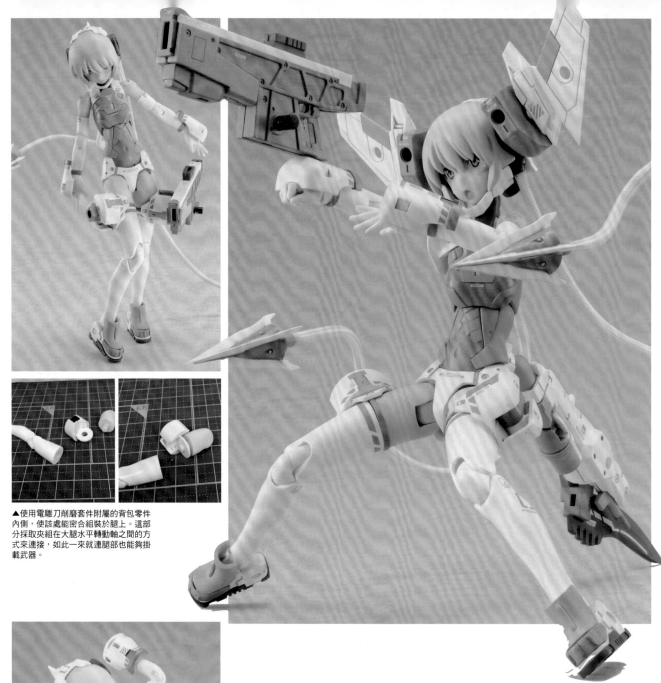

▲使用電雕刀削磨套件附屬的背包零件內側，使該處能密合組裝於腿上。這部分採取夾組在大腿水平轉動軸之間的方式來連接，如此一來就連腿部也能夠掛載武器。

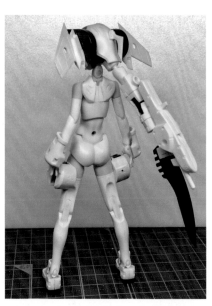

▲將套件附屬的「機械臂」設置成如同尾巴般的裝備。由於關節部位可自由活動，因此能用來持拿短刀和槍等各式武裝。這部分當然也能直接與臂部替換組裝。

各位好，我是女神裝置的製作人鳥山とりを。雖然有些厚臉皮，不過在此要用我自身的商品來參與範例製作。

這是個能經由各式零件施加改裝，做出原創女神的系列，不過這次要試著以「盡可能僅沿用少量的零件來營造出獨創性」為概念，徹底發揮一番。也就是原則上在使用包裝盒裡原有的零件之餘，僅拿最低限度的沿用零件、塑膠板、銅線等材料來施加改裝。

在製作原創角色時，最能發揮效果之處就在於頭部，因此要將這部分列為改造重點，其他部位則是運用塗裝手法來表現出個性，這麼一來在整體作業量應該也能取得均衡才是。雖然施加我平時很少接觸的粉彩色調塗裝時，受到所知有限的影響，作業時可說是陷入苦戰，不過後來還是完成令人滿意的「我家寶貝」，總算得以鬆一口氣。

無論是認真地徹底製作也好，輕鬆地組裝起來把玩也行，若是各位能長久地享受女神裝置系列帶來的樂趣，那將會是我的榮幸！

KOTOBUKIYA 1/1 scale plastic kit
MEGAMI DEVICE WISM・SOLDIER
ASSAULT/SCOUT conversion
MEGAMI DEVICE WISM・ASSAULT
CUSTOM"ELITE"with BATTLE
VEHICLE"SLEDGHAMMER"
modeled&described by TASK
(UnderConstruction)

# 擁有壓倒性「力量」的精英女神

▲這是以WISM突擊型為基礎改造而成的機體，更是被譽為精英的優秀機型。大型機具「巨鎚」不僅可供搭乘，還能由機具模式變形為機器人模式。因此能先以機具模式進攻，再變形為機器人模式運用尖刺拳粉碎敵方陣地。

## 以各式零件拼裝
## 製作出女神用可變機具

這件範例中拿M.S.G和FA輝鎚、巨神機甲等材料，以及各式沿用零件拼裝製作出載具「巨鎚」。這是一架能變形為機器人模式的精湛機體。另外，女神本身使用幾乎未經改造的WISM・士兵突擊型。在簡潔製作完成之餘，亦花點心思修改小腿形狀等處加以點綴，更配合機具部分施加小幅度的改造。並非只是製作純粹的「裝置」，而是另外備妥可供搭乘的載具，這也可說是享受女神裝置樂趣的方式之一呢。希望各位務必要以這件範例為參考喔。

使用壽屋1/1比例 塑膠套件
女神裝置 WISM・士兵　突擊／偵察
### 女神裝置 WISM
### 突擊特裝型
### 「精英」with戰鬥機具「巨鎚」
製作・撰文／たすく（UnderConstruction）

▲女神的小腿沿用自同公司製套件機器人女槍手。武器取自作者做的工作室套件「路克斯L1」，彈匣部位裝設MILIGHT，因此能夠發光。

▲大型機具是分割M.S.G基座拖車來拼裝出底盤，再運用巨神機甲和FA輝鎚等零件來做出造型。輪胎取自TAMIYA套件的同類型零件。至於防滾籠則是用塑膠棒和壽屋製關節類零件做成可動式的。

◀機具模式亦備有貨台，能像照片中一樣對應各式情境所需。製作出另一名女神讓她搭乘在這處也不錯呢。

1/1 SCALE FULL ACTION PLASTIC MODEL KIT

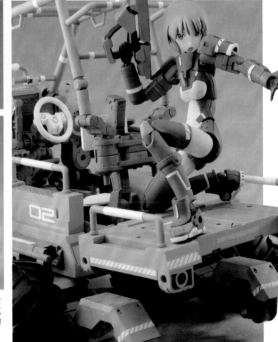

▲女神的小腿沿用自同公司製套件機器人女槍手。武器取自作者做的工作室套件「路克斯L1」，彈匣部位裝設MILIGHT，因此能夠發光。

◀
在女神搭乘的狀態下也能直接變形為機器人模式。

由於女神套件本身零件框架中央的圓形部位在尺寸上剛剛好，因此便將該部位加工製作成方向盤。

各位好，我是たすく，我個人主要是以工作室套件賣家的身分參與各式模型相關的活動，而我製作的題材主要為1/12尺寸的武器和原創機體。

話說這次接到的委託是做出「載具系機體與女神」，於是我便依據個人喜好決定製作以軍用越野車為藍本的載具囉。能夠從機具模式變形為機器人模式，這當然也是不可或缺的要素囉（？）。

■ 機具

這部分是以巨神機甲和FA輝鎚的零件為中心拼裝製作。底盤是將M.S.G基座拖車分割開來之後，重新拼裝黏合出所需的造型。座席的座面和椅背取自HASEGAWA製學校座椅。為確實營造出搭乘在車輛上的感覺，因此讓女神的雙腿能充分地伸進座艙裡，更在腳邊設置踏板。

另外，總覺得女神套件本身零件框架中央

的圓形部位在尺寸上剛剛好，於是便拿來加工做成方向盤。光是加上方向盤，看起來就非常像車輛呢。

輪胎取自TAMIYA套件的越野胎，前輪輪圈蓋設置在變形時可作為武器使用的尖刺。在我個人的設想中，會先用機具模式進攻，再變形為機器人模式靠著尖刺拳粉碎敵方陣地，可說是相當狂野的戰鬥方式呢。

貨台部位也還能供另一名女神搭乘，或許也能採取讓她在該處操作機槍攻擊的運用方式呢。

■ 女神主體、武器

總覺得腳掌一帶有點單調，於是將小腿換成機器人女槍手金黃的零件。手持武器沿用自拙作「路克斯L1」這款工作室套件，彈匣部位裝設MILIGHT，因此能夠發光。另外，臉部零件是請朋友雨間兄經手修整而成的。在百忙之中能答應幫這個忙，真的非常感謝他呢。

■ 塗裝

機具採用較傳統的暗黃色，女神主體則是採用較具精英感的深藍色。

暗黃＝以黑色為底色，用gaiacolor的暗黃色2噴塗覆蓋
白＝電腦戰機專用漆的暖白
機械色＝機械部位用深色底漆補土
藍＝裝甲騎兵專用漆的霧藍
橙＝裝甲騎兵專用漆的珊瑚橙

# 追求新型裝備的可能性
# SOL用新裝備試驗機

使用壽屋 1/1比例 塑膠套件
女神裝置 WISM・士兵 突擊／偵察

**女神裝置 WISM・
士兵突擊型改
「飛行測試平台」**

製作、撰文／**相樂ヒナト**

KOTOBUKIYA 1/1 scale plastic kit
MEGAMI DEVICE WISM・SOLDIER
ASSAULT/SCOUT REAL TYPE conversion
MEGAMI DEVICE WISM・SOLDIER
ASSAULT CUSTOM"FLYING TEST BED"
modeled&described by Hinato SAGARA

## 最新套件SOL 雀蜂＆走鵑鳥
## 運用裝備來製作試驗機

　　這件範例先行採用最新機型SOL 雀蜂＆走鵑鳥的零件，是一件根據SOL 試驗機這個設想做出的作品。武器有手槍 with 試作槍管／感測器／刺刀與試作光束劍。亦備有試作整流板兼護盾、試作飛行組件、試作滾輪衝刺組件。雖然相樂先生向來擅長舊化塗裝，不過這次改以試驗機風格為準，在為各部位添加機身標誌之餘，亦施加以淺灰色和橙色為中心的優美配色。

▲這是女神裝置研發廠商為SOL雀蜂／走鵑鳥用新型裝備研發的試驗作品。之所以用具備高度可靠性的舊型機體來搭配新型裝備，用意是為易於篩選出可能存在的問題。供耐用性試驗的裝備在制限器等級方面設得較低，相較於日後的市售版本，無論是數據上的性能或BP都較高。然而受到尚不夠洗鍊的裝備之間會彼此干擾，還有裝備性較低之類研發試驗機常見的問題影響，導致實際上的運用性不佳。

▲瀏海是先將其中一側分割開來後，再用Mr.SSP（瞬間補土）修整形狀，做成將右側瀏海梳到一旁用髮夾固定的模樣；髮夾本身是等頭髮塗裝完成後，接著黏貼裁切成細條狀的碳纖質感貼片來呈現。翹髮是以經過彎曲的0.5mm黃銅線為骨幹，然後堆疊瞬間補土並削磨而成。

▲▶製作途中照片。為掩飾膝裝甲內側的連接卡榫，因此塞入用AB補土製作的機械風格零件。膝蓋側面的橙色零件亦用補土填滿凹槽部位。

◀▼步槍是以WISM的手槍為基礎，拿SOL用光束槍的槍身作為延長槍管，還把SOL的光束手槍做成瞄準器。光束手槍部位的後端則是堆疊塑膠板追加提把。

▲▶利用前臂掛架拿塑膠材料和塑膠管追加光束劍。該武器也能從前臂上取下來使用。

## ■前言

本次主題是用WISM搭配SOL的零件，因此便根據能夠銜接起WISM和SOL這兩者的自創設定來製作囉。SOL系列的零件在造型上看起來深具英雄氣概，拼裝搭配起來也格外有意思。為了不減損造型上的銳利感，花特別多的心思處理各個面的修整作業。

## ■頭部

難得有這個機會，在髮型上也就自行詮釋一番囉。先將瀏海的其中一側分割開來後，再用Mr.SSP修整形狀，做成將右側瀏海梳到一旁用髮夾固定住的模樣，髮夾本身是等頭髮塗裝完成後，接著黏貼裁切成細條狀的碳纖質感貼片來呈現。翹髮是以經過彎曲的0.5mm黃銅線為骨幹，然後透過堆疊瞬間補土並削磨而成。

## ■臂部

話說SOL系列並沒有臂部的武裝掛架，於是便把這裡當作易於營造出區別的重點加以運用。也就是讓這裡能夠裝設光束劍或是飛行組件中的機翼零件。讓光束劍能裝設在前臂上的連接器是用塑膠板和塑膠管自製而成，整體則是詮釋成箱形光束劍風格。機翼也沿用人型機甲戰士素體的手腕關節，以便裝設在武裝掛架上。

## ■腿部

這部分幾乎是維持SOL走鵑鳥的原樣，不過還是有有如夾著腿部左右兩側的橙色零件填滿內側凹槽。由於當彎曲膝蓋部位時，位於膝蓋內側的連接卡榫多少會有點醒目，因此便用AB補土填滿該處，並且自製機械風格的蓋狀零件加以掩飾。

## ■推進背包

這部分在架構上是由WISM的零件替換組裝而成，還設置一路延伸至腿部的管線。管線取自屬於彩色纜線的「自遊自在」。為上側削磨調整後，將SOL雀蜂的飛行組件基座零件黏合固定在該處。沿用自飛行組件肩部的機翼設有3mm組裝槽，該處剛好能用來裝設取自WISM偵察型附屬偵察組件的機翼。

## ■步槍

以WISM的手槍為基礎，拿SOL用光束槍的槍身作為延長槍管，更把SOL用光束手槍製作成瞄準器。光束手槍部位的後端則是堆疊塑膠板追加提把。

## ■塗裝

主體橙＝純橙＋鮮橙
主體灰＝海鷗灰
主體黑＝Ex-黑＋木棕色
關節等處暖灰＝Ex-黑＋木棕色＋暗黃色
關節等處灰＝德國灰
髮色＝薰衣草色
火箭噴嘴＝銀色（底色）＋黑色（光影塗裝）＋透明橙／透明藍（燒灼表現）

# 鮮豔美麗的花朵亦有毒

KOTOBUKIYA 1/1 scale plastic kit
MEGAMI DEVICE WISM・SOLDIER SNIPE/
GRAPPLE conversion
MEGAMI DEVICE WISM・GRAPPLER
-HYDRANGEA-
modeled&descibed by MOMIZI

使用壽屋1/1比例 塑膠套件
女神裝置 WISM・士兵
突擊／偵察

## 女神裝置 WISM・近戰格鬥型 -HYDRANGEA-
製作、撰文／MOMIZI

▲這是備有可進行中長程砲擊的大型加農砲，更可在地面、空中發揮高度機動性等性能，是擁有高度攻擊力的機體。但相對地，在防禦力和偵察方面的性能較差，可說是一架走極端的不均衡機體。

## 運用S.M.G塑造具英雄氣概的造型

　　這件出自MOMIZI之手的範例，乃是以WISM・士兵 遠距離狙擊／近戰格鬥為基礎製作出的「WISM・近戰格鬥型 -HYDRANGEA-」。之所以用「HYDRANGEA（繡球花）」作為機體名稱，理由在於高機動形態時的輪廓和額繡球花很像，而且繡球花本身具有毒性（亦有此說法），因此才會基於在其優美外貌之下，隱藏著完全相反的強大攻擊力這點取該名稱。還請各位仔細鑑賞這名擁有砲擊＆高機動形態，充滿英雄氣概的女神！

▲這是未配備任何裝置時的形態。由於會以上半身為中心配備大型裝置，因此為取得均衡起見，刻意製作成小腿一帶頗具分量的體型。

一般形態

砲擊形態

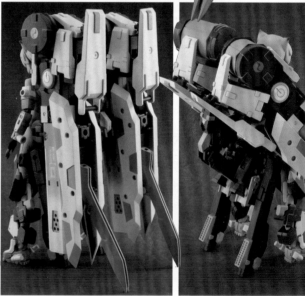

▲這是將大型加農砲配備在左右臂上所呈現的砲擊形態。不僅擅長中長程戰鬥，在空中的機動力也很高。

◀用左右兩門大型加農砲同時掃射！這深具英雄氣概的豪邁架勢真是帥氣極。

◀將大型加農砲分解開來後，可將主體裝設在腿上，燃料槽也裝設於推進背包上，剩下的零件則是裝設於臂部上。刴型武器還額外加裝透明零件。

高機動形態

▲雖然是作者在製作期間放棄的方案，不過看起來也相當有意思，因此特別拍攝介紹。這是將加農砲設置在推進背包上，並且讓雙臂展開刴型武器的格鬥形態。

▲俯瞰整體，就會呈現宛如機體名稱由來──額繡球花的輪廓。

◀▼製作途中照片。頭部是為近戰格鬥型的頭髮零件堆疊AB補土，增添右側瀏海的分量，詮釋成稍微遮住右眼的模樣。腿部裝甲是由骨裝機兵系列「彎刀」的小腿零件、同系列「搖擺舞二式」的肩部，以及機甲少女系列「史蒂蕾特」的膝蓋零件拼裝搭配而成。

編輯部提出的要求，在於希望能凸顯「英雄氣概」這點。該概念和我平時做的作品走向可說是完全相反，雖然因此在製作時傷透腦筋，卻也從中獲得不少樂趣呢！

這次作為素體的女神裝置幾乎未經過任何修改，可是這樣一來似乎少了點韻味，於是我思索是否能為近戰格鬥型原本就深具個性的獸耳再添加些許特色，最後決定利用AB補土增添瀏海的分量，做成稍微遮住右眼的模樣。

就以往的作風來說，我會將身體的一部分零件加大尺寸，但這款套件原本就很大，製作時也就並未刻意修改，基本上是直接製作完成。我個人有點在意肚臍的造型，於是利用經過加熱的抹刀和流動型模型膠水稍微修改形狀。為讓臂部能裝設後述的裝備，這部分也是維持套件原樣直接使用。

接著是作為本次主題的英雄氣概（？）要素，這方面是按照個人喜好為腿部增設裝甲零件，基本上是拿骨裝機甲系列「彎刀」的小腿等零件拼裝而成。讓膝蓋以下顯得很具分量，看起來就會深具英雄氣概，覺得如此的應該不只我一個吧？

為做出屬於本範例首要賣點，也就是配備於推進背包上的大型加農砲，我可是奢侈地動用5種M.S.G×2份來製作呢，這部分是依據能夠由基本的加農砲形態分解為多個組件，裝設到身體各部位以對應不同戰鬥需求的多功能武裝形象製作而成。另外，推背背包也設置「彎刀」的肩部推進器和燃料槽&推進器構成，以便在視覺上表現出即使設置大型裝備也無損於機動力的形象。

■ 配色

依循著英雄氣概＝有著醒目形象的概念，這次在採用粉彩色調作為基本色之餘，亦試著選用適於表現戰鬥用裝備所需重量感的色調來好好詮釋一番。另外，膚色部位為保留近戰格鬥型原有的褐色系成形色，因此是拿TAMIYA舊化大師H套組採取簡易製作法的方式來呈現。

藍＝百萬藍（G）＋Ex-白（G）

橙＝鮮橙（G）＋紅系粉紅（G）＋Ex-白（G）＋光芒橙（G）

白＝Ex-白（G）

黑＝Ex-黑（G）＋Ex-白（G）＋百萬藍（G）

# Ma.K. ∶ Machineca

## 女神裝置意料之外的Ma.K化

　　為紀念女神裝置發售，在此要介紹與橫山宏老師旗下原創作品《Ma.K. in SF3D》聯名的範例。擔綱製作者乃是曾為《Ma.K.》（機甲戰士）經手商品原型等諸多要務的脊戶真樹先生。話說《Ma.K.》原本就是以TAKARA製「微星小超人」為基礎做出的HOBBY JAPAN月刊獨家範例單元，這件女神裝置當然也就秉持著向當時的微星小

超人致敬這個概念，詮釋為《Ma.K.》風格。範例中以套件本身的規格為準，將《Ma.K.》套件製作成可套在身上的形式，因此能替換組裝呈現《Ma.K.》中傭兵軍的「AFS」，以及敵對陣營修特拉爾軍的「PKA」這兩種面貌。另外，塗裝方面也採用《Ma.K.》廣為眾人熟知的配色，充分營造出屬於《Ma. K.》的風格。

# Krieger

使用壽屋 1/1 比例 塑膠套件
女神裝置 WISM・士兵　突擊／偵察
## 人型機甲戰士
製作、撰文／脊戸真樹

KOTOBUKIYA 1/1 scale plastic kit
MEGAMI DEVICE WISM・SOLDIER
ASSAULT/SCOUT use
Machineca Krieger
modeled&described by Masaki SEDO

③

④

⑤

①

②

⑥

⑦

ARMORED FIGHTING SUIT

①~⑤裝甲部位刻意選用舊日東製1/20比例AFS Mk-II的零件。以作為女神裝置素體的人型機甲體型為準,各零件都經過縮減寬度之類的修改。由於原有的頭盔尺寸過小,因此改用全自製的方式來呈現。各部位水貼紙、配色都採用最具《Ma.K.》典型風格的形式。⑥可替換組裝重現脫下頭盔的狀態。⑦雖然其實無法真的脫下來,卻也製作成像是上半身直接套著裝甲的模樣。

# PANZER KNIR AK

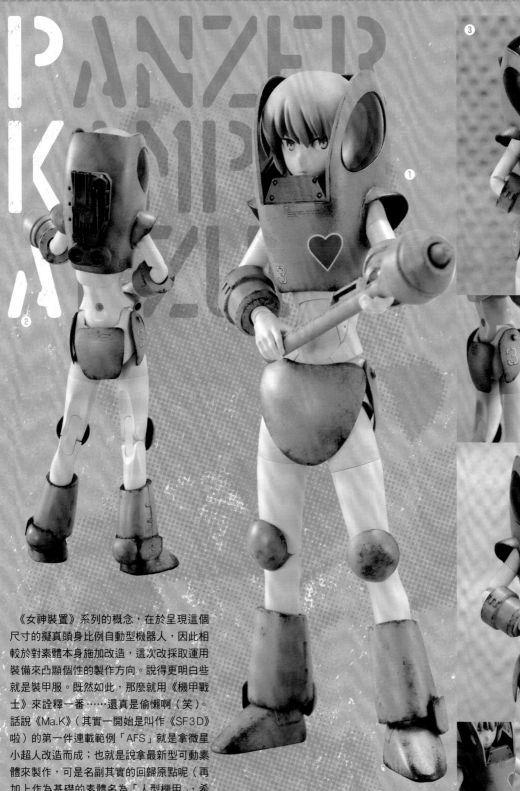

《女神裝置》系列的概念，在於呈現這個尺寸的擬真頭身比例自動型機器人，因此相較於對素體本身施加改造，這次改採取運用裝備來凸顯個性的製作方向。說得更明白些就是裝甲服。既然如此，那麼就用《機甲戰士》來詮釋一番……還真是偷懶啊（笑）。話說《Ma.K》（其實一開始是叫作《SF3D》啦）的第一件連載範例「AFS」就是拿微星小超人改造而成；也就是說拿最新型可動素體來製作，可是名副其實的回歸原點呢（再加上作為基礎的素體名為「人型機甲」，希望這件作品能取名為「人型機甲戰士」）。

首先組裝套件，確認可動範圍之餘亦評估接下來要如何製作。AFS屬於頭盔與身體相連的造型，不過為表現更為生動的姿勢，我將頭盔和身體裝甲分割開來。手腳取自舊日東製AFS套件。頭部方面，為與女神的體型取得協調，頭髮零件改為堆疊AB補土的方式來製作。雖然已經縮減身體的尺寸，但針對腰部有再修改得更苗條。基於自創設定，背後並未裝設引擎類的裝備，而是改背著貨物。至於臂部則是選用武裝模式的零件，上臂也修改成與AFS類似的造型。

這款套件為可替換組裝呈現武裝／素體模式，因此附有豐富的配件，範例也利用這點

另外準備PKA型裝甲。這部分也是分割舊日東製PAK零件拼裝出來的。和AFS一樣，為了使腰部更苗條，於是在接合線削出楔形缺口，前後兩側也配合削磨調整，呈現腰身收窄的形狀。艙罩部位是先與PKA的零件仔細比對調整後，再用蜻蜓牌「PITMULTI」複黏膠固定以便自由裝卸。不過受到透鏡效果影響，從該處看到的臉孔會扭曲變形，這點美中不足還請各位一笑置之囉。

人型機甲的白選用防眩光白，AFS則選用RLM02灰色，PKA也選用中石色，這些都是Ma.K系列的標準色。膚色是以gaia製膚色底漆補土為底，僅用粉彩添加色調變化。

①～③和AFS一樣，PKA也選用舊日東製套件，當然同樣配合女神的體型修改形狀。而且不僅保留屬於原套件特色的艙罩，更利用「PITMULTI」這種複黏膠使該部位能自由裝卸。④腿部裝甲只使用膝蓋以下的部分。這部分並未固定住，只是純粹套上去而已。⑤～⑥機身標誌選用就PKA來說最為典型的圖樣。⑦一提到PKA，就會聯想到鐵拳火箭彈這具武器。這部分直接使用套件原有的零件，而且只要稍加修改手掌零件就可持拿住。

# 見識以簡易製作完成的SOL雀蜂吧！

這件「SOL雀蜂」乃是採用保留成形色的簡易製作法來呈現。首先是用流動型模型膠水來黏合零件接合線較為醒目的部位，接著用600號左右的砂紙打磨修整，再黏貼水貼紙，然後用特製TOPCOAT（透明漆）噴塗覆蓋整體。武裝的細部結構則是用琺瑯入墨線，臉部也用TAMIYA舊化大師添加腮紅。

1/1 SCALE FULL ACTION PLASTIC MODEL KIT

▲頭部的包包頭髮型乃是魅力所在。由於範例中使用的是試作品，來不及取得移印眼睛的臉部零件，因此改為用水貼紙來呈現。範例中還用TAMIYA舊化大師為臉頰添加腮紅，更用Mr.COLOR的冷白添加高光。至於頭髮則是拿經過稀釋的消光棕琺瑯漆來施加水洗，凸顯出頭髮的線條。

▲頭盔也保留了成形色。面罩部位是以透明紫零件來呈現。

▲只有腹部和臂部的黃色線條是用筆塗方式呈現。在水貼紙黏貼完畢後，用GSI Creos的噴罐版特製TOPCOAT〈消光〉噴塗覆蓋整體，然後才拿消光棕琺瑯漆來入墨線。

▲附有光束劍2柄，雖然需要自行為劍柄上色，不過整體是以透明紫零件來呈現。

壽屋 1/1比例 塑膠套件
女神裝置 SOL 雀蜂 & SOL 走鵑鳥 改造

## 女神裝置 SOL 超級雀蜂「Another Low Visibility」

製作、撰文／相樂ヒナト

KOTOBUKIYA 1/1 scale plastic kit
MEGAMI DEVICE SOL HORNET&ROAD
RUNNER conversion
MEGAMI DEVICE SOL SUPER
HORNET"Another Low Visibility"
modeled&described by
Hinato SAGARA

# 追求SOL所蘊含的可能性
# 全裝甲模式雀蜂

## 仿效現役戰鬥機風格施加低視度塗裝
## 製作雀蜂&走鵑鳥

　這是由SOL雀蜂&走鵑鳥搭配組合而成的SOL超級雀蜂。在作者的自創設定中，這是全面配備屬於新型裝備的SOL，亦即全裝甲模式，是以單機衝入敵陣並予以殲滅為目的，據此研發&試驗運用的。範例本身是由向來擅長舊化的相樂先生擔綱製作，至於塗裝方面則是施加著重在低視辨度效果的低視度迷彩。

▲這是多用途型的SOL全裝備雀蜂。武裝為複合兵裝組件α／β（反WISM飛彈、光束槍、刺刀、短盾、IRST（紅外線搜索與追蹤系統）莢艙。由於是以憑單機之力殲滅敵方部隊為前提，因此力求研發成兼具高性能與均衡性的機體。省略在戰鬥中換裝的機能，運用時就是固定為全裝甲模式。另外，為減少重裝備導致運作時間短縮的問題，即使效果有限，還是設置能夠增加升力的外翼。能運用IRST長程偵察，加上備有反WISM飛彈，更施加低視度塗裝，在這等搭配下，顯然能從視距外發動單方面的攻勢……理應如此才對，但勉強縮減尺寸的飛彈在命中率方面不如預期，後來多半還是得靠著光束槍／刺刀進行格鬥戰。

▲製作途中的全身照。由照片中可知，基本上是往發揮套件本身素質的方向製作。機翼和飛彈是沿用自比例模型並加工改造而成。

◀臉部使用雀蜂的零件，利用水貼紙備妥各種神情。翹髮換用成用黃銅線＋瞬間補土自製的零件。

▼既然是以飛行型的雀蜂為基礎，肯定很適合搭配可動展示架擺出飛行姿勢。為整體施加的低視度塗裝表現也相當值得注目。隨著為背部組件兩側設置大型機翼，看起來也確實更像是飛行型機體呢。

▶卸下飛行組件，僅剩下走鵑鳥裝備的狀態。頭部當然也能夠換成走鵑鳥的臉部零件。這張照片裡選用套件附屬的已移印版本臉部零件。

▲◀左右前臂武裝是以套件本身的零件為基礎，加上沿用自比例模型的零件和塑膠板拼裝製作而成。

▲◀膝裝甲內側設置用AB補土自製的蓋狀零件。

## 頭部

這次是拿雀蜂的臉部、走鵑鳥的頭髮來拼裝製作（無須改造即可交換組裝）。走鵑鳥的頭髮是先將側面削磨得圓潤些，並且把翹髮削掉，然後改用黃銅線＋瞬間補土重製得更為栩栩如生。

## 胸部

堆疊AB補土塑形後，再用瞬間補土做出緊身衣的皺摺。

## 腿部

以膝蓋一帶為中心追加刻線與細部結構。膝蓋內側的卡榫和組裝槽原本會直接暴露在外，範例中為該處塞入AB補土做出機械風格的蓋狀零件，還填滿某些部位的凹槽。腳掌原本是設計成帶有弧面的造型，範例中根據個人喜好用塑膠板修改成有稜有角的形狀。這部分是按照藉由黏貼塑膠板加以削磨銳利的要領，先將零件原有的弧面起始處削掉一些，接著黏貼塑膠板，然後進行削磨修

整作業。這樣一來能夠讓整體顯得更俐落，相推薦比照辦理喔。

## 機翼

在小型機翼的寬廣面上追加刻線。外翼是沿用自比例模型的零件，但不僅修改機翼的外形，還將原有的刻線全部磨掉，然後重新自行雕刻。

## 武器

由於個人偏好設置在前臂上的固定式武裝，因此為營造出這類氣氛起見，於是拿套件原有的護盾握把掛載一大堆武裝。左右兩側均從比例模型沿用飛彈零件，這部分是為派龍架增設3mm軸棒組裝上去。

○右臂

以套件原有的護盾為基礎修改成短盾，然後用塑膠板自製槍狀的連接組件，以便用來連接握把和步槍。

○左臂

將套件原有護盾零件組裝到WISM・偵察

型的偵察組件左右兩側3mm組裝槽上。仿效IRST的模樣，先將偵察組件的感測器部位挖穿，再裝入市售改造零件，然後用UV樹脂做出鏡頭。

## 塗裝

灰色部位是先在底漆補土上用黑色噴塗陰影，之後以不會顯得太瑣碎為前提施加加光影塗裝。

主體灰1＝灰色FS36375
主體灰2＝337號灰藍色FS35237
主體黑＝機甲少女專用漆 襯衣黑
關節等處白＝白色＋暗土色＋黃色
機械等處灰＝德國灰
頭髮象牙白＝白色＋黃色＋暗土色＋印第藍
膚色＝機甲少女專用漆 陰影膚色／底色膚色＋白色

用油畫顏料的白色、黃色、燈油黑、焦土色施加濾化後，一切就大功告成。

# 近接戰鬥規格的女神

壽屋 1/1比例 塑膠套件
女神裝置 SOL 走鵑鳥 改造

## 女神裝置
## SOL 走鵑鳥
## （前衛規格）

製作、撰文／坂井晃

KOTOBUKIYA 1/1 scale plastic kit
MEGAMI DEVICE SOL Road Runner
conversion
MEGAMI DEVICE SOL Road Runner
Avant-garde type
modeled&described by Akira SAKAI

## 利用女神裝置特色的拼裝製作法
## 創造出原創改裝規格機體

　　接下來要請各位欣賞，利用各式零件拼裝製作出的原創改裝規格機體。這件範例是由就算擔綱女性模型題材，也不時會用拼裝手法呈現，在拼裝搭配技術上向來受到肯定的坂井晃擔綱製作。這次他運用M.S.G系列、機甲少女系列、女神裝置系列的零件拼裝搭配，在無損於SOL走鵑鳥原有概念的前提之下，完成純粹的改裝規格機體。

▲這是為SOL走鵑鳥追加武裝而成的改裝規格機體。配色方面採用冰鈷藍＋鈷藍＋皇家亮藍＋透明粉紅來調出藍色，以及用午夜藍＋紫羅蘭紫＋薰衣草色＋純色青＋純色洋紅來調出黑色，更用白色作為點綴，呈現充滿機械感印象的配色。

▼備有多樣化的武裝。這些絕大部分是取自M.S.G系列，但也有一些為遷就尺寸而沿用其他廠商的產品。每一項武裝都製作得相當仔細，光束刃部位更是講究地施加光影塗裝。

▼能夠呈現更具機械感，以及輕裝狀態等多種面貌。這次刻意不製作臉孔，詮釋成總是戴著頭盔的模樣。雖然女性模型照理來說是以追求可愛為目標，但力求呈現威風凜凜的帥氣模樣也不失為方法。

1/1 SCALE FULL ACTION PLASTIC MODEL KIT

▶臂部取自朱羅。雖然配色經過更動，但並未修改造型，直接沿用該零件。隨著採用充滿機械感的臂部，配備大型武器時也顯得更具說服力。

▲推進背包組件是由數個M.S.G零件和骨裝機兵 驅動骨骼拼裝做出。這並非飛行用裝備，頂多只是在地面上賦予立體機動戰鬥能力。左右兩側機翼是以腰巾為藍本，裝設其上的武器幾乎都是格鬥戰用。

◀腿部的部分維持走鵑鳥的原樣，僅更改配色。
▲▶製作取自「迷你兵工廠」的P90TR型和AA-12型。P90備用彈匣可以裝設在M.S.G日本刀的掛架上。

這次的委託是「利用M.S.G做出全副武裝型態」，於是便以我基於個人喜好做的走鵑鳥為基礎，以機械裝備為中心製作囉。

### 女孩子的部分
由於背面的頸部基座有接合線得處理，因此先於內側用保麗補土做出可供設置零件的部分，再利用祈仙蒂雅的背面零件來掩飾該處。臂部是以配色上的更動為準，直接從祈仙蒂雅和朱羅沿用未經加工的零件。為替下腹部進行無縫處理，因此先在內側設置釹磁鐵，然後修改成能夠分件組裝的形式。

### 裝甲
頭盔護顎是先拿猛禽裡多出來的雀蜂零件來修改形狀，再搭配經過分割的祈仙蒂雅多餘零件，然後黏貼在頭盔的臉頰部位上。由於胸口的空隙頗令人在意，因此使用補土做

出可供設置零件的面，以便沿用祈仙蒂雅的襟領零件。臂部沿用自朱羅，為讓袖口裝甲掛架部位在造型上與SOL的裙甲更具整體感，於是便黏貼塑膠板來削磨修改形狀。

由於膝裝甲上側的零件內部會暴露在外，因此裝上用保麗補土製作的蓋狀零件。

### 推進背包組件
這部分是用數個M.S.G零件和驅動骨骼拼裝出的強化組件。為避免損及走鵑鳥本身和陸戰用機體的規格，於是把M.S.G殺戮猛禽的零件做成像是腰巾一樣，並且經由拼裝機械配件02的方式連接到腿上。剩餘的空間也加上光束手槍作為備用武裝。上側還用光束軍刀和推進劑燃料罐（方型）拼裝出可供對應近接戰鬥的武裝，以便拿來取代雀蜂零件錯出的全裝甲光束劍。由於接著又希望

上側也能有像殺戮猛禽機翼一樣斜向往外延伸出去的零件，因此便追加小型機翼，使整體能呈現X字形的輪廓。

### 塗裝
由於肌膚的顏色似乎比雀蜂更深一點，因此先噴塗機甲少女專用漆的塑膠膚色，接著用透明橙噴塗陰影等部位，然後再度用塑膠膚色噴塗覆蓋整體。

在配色上是把走鵑鳥的橙色改成藍色、黃色改成白色，不過要是把襯衣改成藍色，看起來會像是猛禽，在視覺觀感上會顯得雜亂點，因此這部分就改成黑色的。護目鏡部位是重疊噴塗透明藍來改成藍色的。能透過護目鏡隱約看到眼鏡的位置這點頗令人在意，於是便僅噴塗一次消光透明漆，降低該處的透明度。

KOTOBUKIYA 1/1 scale plastic kit
MEGAMI DEVICE SOL HORNET
conversion
MEGAMI DEVICE SOL
HORNET "LIGHT ARMOR"
modeled&described by wooper

# 戰場上躍動的
# 輕裝甲少女

壽屋 1/1 比例 塑膠套件
女神裝置 SOL 雀蜂 改造

## 女神裝置
## SOL 雀蜂
## 「輕裝甲」

製作、撰文／**wooper**

▲這是以城鎮戰為舞台、針對祕密行動、突襲所需特化的雀蜂型女神。省略裝甲、將素體的機動性提升至極限。僅穿戴甲板人員用輕量型頭盔、防彈衣、以及具有防火＆防水機能的襯衣作為最低限度裝備。由於武裝僅有一挺衝鋒槍，導致續戰能力較低，因此基本上是與各戰科團隊運用為前提。

## 將 SOL 雀蜂製作成
## 輕裝甲規格！

接下來要介紹利用「SOL 雀蜂」做出的範例。擔綱製作者為 wooper。這件範例根據作者自創設定做成盡可能地省略裝甲，提高機動性的突襲型女神。隨著對主體施加修改，一位截然不同的女神於焉誕生。

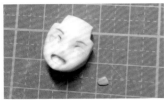

▲◀將笑臉零件修改成吐出舌頭的挑釁神情。從鼻子延伸至嘴巴的線條亦經過修改，使鼻子能顯得更高聳。各種表情的輪廓和嘴唇等處也都營造出差異。頭部本身是以雀蜂的零件為芯，將多餘的部分削掉後，再堆疊AB補土為頭髮塑形。

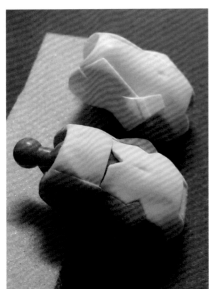

▲▶動用2份套件的身體肌膚部位，將身體做成完全裸露肌膚的模樣。同時也修整肋骨和腹部隆起處的形狀，亦一併修改肚臍的形狀。腰部零件是以WISM的為基礎，除修整臀部的形狀之外，為修改成低腰比基尼的造型，因此將下腹部予以增寬。

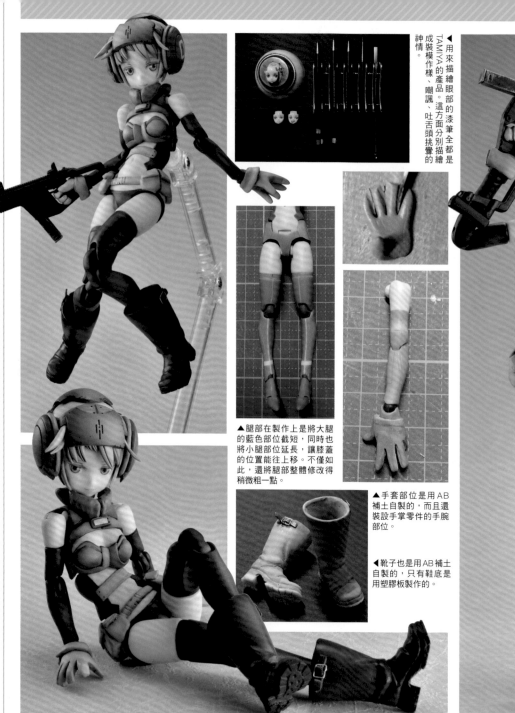

用來描繪眼部的漆筆全都是TAMIYA的產品。這方面分別描繪成裝模作樣、嘲諷、吐舌頭挑釁的神情。

▲ 腿部在製作上是將大腿的藍色部位截短，同時也將小腿部位延長，讓膝蓋的位置能往上移。不僅如此，還將腿部整體修改得稍微粗一點。

▲ 手套部位是用AB補土自製的，而且還裝設手掌零件的手腕部位。

◀ 靴子也是用AB補土自製的，只有鞋底是用塑膠板製作的。

這次委託是將女神裝置「往既帥氣又可愛的方向改裝」，於是我便以自己向來喜歡的雀蜂為主體，修改成略帶軍武風格造型囉。修改重點在於身材，但考量到這樣一來會讓頭部的分量顯得很大，於是又製作較大的手套和靴子，在造型上取得協調。

### ■ 頭部

以雀蜂的零件為基礎，用AB補土修整成較輕快的造型，更將耳部做成大幅往外的模樣。基於替換組裝用的需求，將雀蜂的頭盔分割開來，以便改造成甲板人員用頭罩的風格，也一併製作穿戴這個頭盔用的頭部。

雖然原本的臉部零件就相當可愛，不過還是根據個人喜好對輪廓、鼻子、下巴進行微調。舌頭是用廢棄框架製作的。我個人之所以偏好重新繪製眼部，用意在於描繪出炯炯有神的眼睛，讓表情能更為栩栩如生。這部分是先將原本用移印方式呈現的眼睛洗掉，再自行筆塗繪製出三種神情。

### ■ 上半身

將胸部製作成穿著防彈背心風格的背心。將肩部基座的上下縮短，讓胸部上側能短一點。腹部動用兩份雀蜂的零件連接起來，以便增加膚色部位的面積，至於接合線則是用腰帶掩飾住。

### ■ 下半身＆腿部

臀部是以WISM的零件為基礎（為利用白色的成形色營造出透明感），並且改造成低腰比基尼風格。不過原本的臀部感覺小點，於是修改成更具豐滿肉感的形狀。為讓骨盆顯得更寬，因此增寬股關節區塊（但頂多只能算是「看起來像」）。接著還追加戰術腰包和腰帶，讓上半身與臀部相連處的線條能更為自然流暢。

為讓腿部能顯得更具豐滿肉感，於是將整體都予以增寬，還截短大腿和延長小腿，在不改變身高的前提下提高膝蓋位置，營造出腿部修長的視覺效果。有如結合工程師靴和軍靴特色的靴子是以AB補土為主體自製而成。由於在腳踝內部設置軟膠零件，因此具有某種程度的可動性。

### ■ 臂部

先從肘關節上方分割開來，調整軸棒的位置再重新連接起來，將該處修改成略為隆起的形狀。雖然手腕關節的位置看起來有點不協調，隨著讓腿部看起來能修長些，臂部也相對地顯得變短些，順利地解決這個問題。

### ■ 塗裝

以身為特種部隊的一介士兵為藍本，採用較為沉穩的塗裝。上色時因應需求分別選用GSI Creos和gaianotes的塗料。

### ■ 後記

雖然在拿捏對稱和精確度方面的功夫還不到家，但能自由自在地製作的氣氛，正是女孩子模型的優點所在。以改裝的素材來說，女神裝置真是超棒。希望各位也務必要親自動手製作看看喔！

## 輕裝甲第二作！
## 以SOL打擊猛禽奠定基礎

　　繼SOL雀蜂之後，接著要介紹以SOL打擊猛禽為基礎的「輕裝甲」規格女神。在作者的自創設定中，她和雀蜂「輕裝甲」是同單位成員，也都是SOL四姊妹之一。擔綱製作者當然同樣是wooper。範例中在保有「輕裝甲」規格的共通性之餘，亦仿效貓的形象來詮釋這位女神。

壽屋 1/1比例 塑膠套件
女神裝置 SOL 打擊猛禽 改造
## 女神裝置
## SOL 打擊猛禽
## 「輕裝甲」
製作、撰文／**wooper**

▶這是以城鎮戰為舞台，針對祕密行動、突襲所需特化而成的雀蜂型女神。省略裝甲，將機動性提升至極限。僅穿戴了鎮暴人員輕量型頭盔、防彈板，以及具有防火＆防水機能的襯衣作為最低限度裝備。由於武裝僅有一挺衝鋒槍，導致實質戰能力較低，因此基本上是與各戰科團隊運用為前提。

KOTOBUKIYA 1/1 scale plastic kit
MEGAMI DEVICE SOL STRIKE
RAPTOR conversion
MEGAMI DEVICE SOL RAPTOR
"LIGHT ARMOR"
modeled&described by wooper

SOL輕裝甲姊妹
再度前往戰場

▲臉部不僅製作往右瞥的好戰表情、往前望的得意表情，亦做出前一頁主圖中往左看的裝模作樣表情，共計3種版本。

▲頭盔版頭部是先決定頭罩的位置後，再用塑膠棒等材料做出連接構造，然後用AB補土製作出從頭盔裡延伸出來的頭髮。

▶未戴頭盔版頭部是先將套件原有頭髮的表面削掉，讓她呈現光頭狀態以便堆疊AB補土，然後用抹刀重新塑造髮型。頭部後側也是用相同方式製作的。AB補土是拿WAVE製AB補土〔輕量型〕和TAMIYA製AB補土〔速乾型〕用1：1的比例調出的。

▼將猛禽的笑臉用筆刀和自製雕刻刀重新雕刻成奸笑神情。眼部塗裝採取輪廓→瞳→瞳孔的順序來重新描繪。繪製時的重點，在於必須反覆確認雙眼視線是否一致。

▲將小腿利用在接合面之間夾組塑膠板的方式予以增寬。

▲將內搭褲黏貼塑膠板，修改為低腰款。至於股關節連接零件則是用框架標示加以延長。

▲武裝直接使用取自迷你兵工廠的M134「迷你砲」。範例中還用AB補土製作可供握住把部位的手套。

▲靴子亦是用AB補土製作。這部分是先用抹刀塑形，等硬化後再用銼刀打磨得粗獷些。大腿部位還經由削磨方式做出絲襪勒進肉裡之類的表現。

### ■SOL四姊妹之一

本範例和前一件作品SOL雀蜂「輕裝甲」為隸屬同一支小隊的戰友（在自創設定中和原有的SOL系列一樣是四姊妹）。

### ■製作重點

素體狀態的加工重點在於腿部。由於得手持重裝備，因此為能讓整體顯得更穩定些，於是將膝蓋以下的小腿零件增寬，小腿肚也藉由堆疊補土取得協調。接著更延長股關節零件，並且將內搭褲修改成低腰款，更追加戰術腰包作為裝飾，以便讓腰部和臀部一帶看起來能更大一點，與其他部位取得協調。

### ■裝備類等部分

針對防禦個人裝備槍械的需求，與其採用較薄的裝甲板，不如改為採用防爆、防彈衣這種克維拉之類纖維系的裝備，這樣才能有較高的防禦力。於是基於前述想法製作防爆裝風格的配備。在製作方面是直接為機械腿部堆疊AB補土並塑形而成。其實真正防爆裝的靴子看起來一點都不帥氣，因此改為仿效雪靴的模樣用AB補土做出這個部分。至於武裝則是直接使用迷你兵工廠的M134「迷你砲」。

### ■頭部等處

為與前一件輕裝甲範例在創意面營造出整體感，於是製作相同的頭盔。這次的膚色零件都是取自SOL猛禽。由於SOL系列的額頭都很可愛，因此盡可能地保留零件原有的線條，試著修改成齊眉高度的平整短瀏海。這部分是先將原有頭髮零件很乾脆地用筆刀和較粗的銼刀削磨成光頭狀態，以便用AB補土大致塑形，接著用抹刀修整形狀，等硬化後再用筆刀和砂紙削磨出細部造型。在希望用臉部零件來表現個性的考量下，一共製作3種視線和神情各異的版本。描繪眼神情確實很重要沒錯，但為嘴巴添加表情亦是關鍵要素所在。雖然這部分比較細膩，不過還是得拿出幹勁用筆刀和自製雕刻刀（用精密螺絲起子研磨而成的）重新雕刻才行！

### ■後記

或許有些讀者會覺得她和前一件範例有不少地方很像，導致欠缺點震撼力，不過以女神裝置系列推出衍生套件的形式為參考，試著構思出屬於自己的衍生陣容，這樣做其實也相當有意思，因此本次才會用這種方式來呈現。讓具有整體感的自創小隊排成一列，看起來一定會顯得很可愛，希望各位也務必要向這種做法挑戰看看喔！

KOTOBUKIYA 1/1 scale plastic kit
MEGAMI DEVICE SOL HORNET
conversion
MEGAMI DEVICE SOL
HORNET"BLUE ROSE"
modeled&described by
YOSHUAN,KONEKONOSHIPPO

壽屋 1/1 比例 塑膠套件
女神裝置 SOL 雀蜂 改造

# 女神裝置 SOL
# 雀蜂 「BLUE ROSE」

製作、撰文／よしゅあん。&こねこのしっぽ。

# 身披藍薔薇的騎士

## よしゅあん。&こねこのしっぽ。
## 首度挑戰女神裝置範例！

よしゅあん。&こねこのしっぽ。是在 HOBBY JAPAN 月刊上發表
過諸多機甲少女範例的職業模型師搭檔，這次以 SOL 雀蜂「BLUE
ROSE」為題首度挑戰女神裝置系列的範例。一如向來的作品風格，
範例中運用布製服裝增添美麗風采，造就以女神裝置來說也極為罕見
的優美面貌。還請各位仔細品味這件既高貴又華麗的藍薔薇騎士。

▲臉部共準備3種不同神情的版本。這些全都是手工描繪而成。繪製時是先用棕色畫出輪廓，接著才加上瞳孔的顏色。在運用深棕色來凸顯眉毛和眼睛外側之餘，亦藉由重疊塗布為瞳孔添加高光。頭髮是以壽屋直營店限定版零件（現已贈送完畢）為基礎，用經過調色的有色瞬間補土來修改瀏海形狀。為營造出立體感起見，因此還運用粉彩來著色。

▲馬甲胸口的裝飾是藉由縫上許多緞帶，以及鑲金邊仿古布料和串珠來營造出華麗感。裙子也拿藍薔薇和利用緞帶製作出的花飾添加點綴。

▲台座是在另外販售的飛行台座上用自製藍薔薇稍加裝飾而成。

▲▼武裝是拿雀蜂本身附屬的零件、M.S.G「動力鏈鋸」拼裝製作而成。這部分是先組裝起來並上色後，再比照服裝整體形象，藉由黏貼市售手工藝用品、萊茵石（彩珠）、美甲用品來添加裝飾。另外，為避免輕裝形態會多出剩餘零件，因此還設計成可讓這些零件組合為支援機的形式。

■ 服裝定案設計＆縫製、頭髮零件加工、為臉部零件重新繪製眼睛（擔綱：こねこのしっぽ。）

這件範例是以屬於夏季時令花朵的「薔薇」為藍本，並且參考芭蕾舞服等資料設計而成的。

服裝主色為「藍色」。這部分是以將可動性納入考量做出的馬甲為基礎，加上重疊多層仿效薔薇花瓣形狀製作出的紗裙，製作出頗具分量的裙子。馬甲胸口的裝飾是透過縫上許多緞帶，以及鑲金邊仿古布料和串珠來

營造出華麗感。裙子也拿藍薔薇和利用緞帶製作出的花飾添加點綴。

重新塗裝眼部時是利用手工描繪方式來呈現藍色的瞳孔。

頭髮零件是用經過調色的有色瞬間補土來製作造型，不僅修改瀏海的局部造型，更為營造出立體感而用粉彩著色。

■ 組裝並修改、塗裝（擔綱：よしゅあん。）

服裝是以薔薇為藍本，主色是藍色，那麼

雀蜂主體的配色在塗裝上也就比照辦理囉。

武裝是拿雀蜂本身附屬的零件以及M.S.G「動力鏈鋸」拼裝製作而成。這部分是先組裝起來並上色後，再比照服裝整體形象，藉由黏貼市售手工藝用品、萊茵石（彩珠）、美甲用品來添加裝飾。

主體也有一部分同樣是拿美甲用品來添加裝飾。

為避免大型武裝在輕裝形態時變成剩餘零件，因此設計成讓它們能替換組裝為支援機的形式。

壽屋 1/1 比例 塑膠套件
女神裝置 SOL 走鵑鳥 改造
**女神裝置 SOL**
**走鵑鳥「RED ROSE」**
製作、撰文／よしゅあん。&こねこのしっぽ。

KOTOBUKIYA 1/1 scale plastic kit
MEGAMI DEVICE SOL ROAD
RUNNER conversion
MEGAMI DEVICE SOL ROAD
RUNNER"RED ROSE"
modeled & described by
YOSHUAN,KONEKONOSHIPPO

# 紅薔薇的小惡魔

## 由よしゅあん。&こねこのしっぽ。
## 製作出與藍薔薇互為對照的紅薔薇

繼前一頁的SOL雀蜂「BLUE ROSE」，在此要介紹SOL走鵑鳥「RED ROSE」。擔綱製作的當然同樣是よしゅあん。&こねこのしっぽ。這組搭檔。範例中不僅改以SOL走鵑鳥作為主體，更相對於「BLUE ROSE」的形象，改為製作成給人小惡魔印象的可愛紅薔薇風格。

▲▼和作者以往的範例一樣，眼部是重新手工描繪的。嘴裡還描繪出如同獠牙的虎牙，帶給人可愛小惡魔的印象。頭髮同樣藉由堆疊經過調色的有色瞬間補土來修改形狀。為營造出立體感起見，更利用粉彩凸顯出陰影。

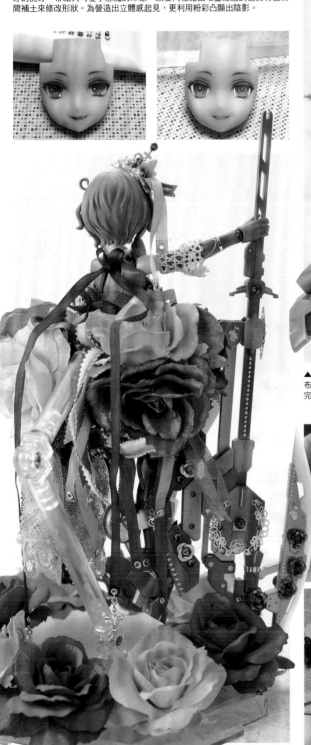

▲▶馬甲等處是藉由縫上緞帶、鑲金邊仿古布料、串珠來添加裝飾。這些是先個別製作完成，再設法縫製在一起的。

▲▼大型斧矛是以聯合巨劍為基礎，加上 SOL 走鵑鳥用武裝來做出造型。接著更進一步使用市售的市售手工藝用品、萊茵石、美甲用品等材料來添加裝飾。

▶ 與 SOL 雀蜂「BLUE ROSE」的合照。將這兩者並列在一起後，可以明確出彼此是根據相對的形象製作而成。

▲台座也配合走鵑鳥的服裝利用紅薔薇人造花稍微添加裝飾。

■ 服裝定案設計＆縫製、頭髮零件加工、為臉部零件重新繪製眼睛（擔綱：こねこのしっぽ。）

相對於前一件範例「藍薔薇」，這件範例的主題是以「紅薔薇」為藍本。服裝主色當然也就是「紅色」囉。

服裝的基礎和「藍薔薇」一樣，卻也刻意製作得更可愛些。馬甲等處的裝飾是藉由縫上緞帶、鑲金邊仿古布料、串珠來呈現。為更易於看到武裝腿起見，因此裙子的花飾是設置在背面。

重新塗裝的眼部是手工描繪成紅色瞳孔。相對於給人冰山美女印象的「藍薔薇」，這件試著描繪出帶來可愛小惡魔印象的虎牙。

頭髮零件除用經過調色的有色瞬間補土對形狀加工之外，還稍微修改頭髮零件一部分的造型，更為營造出立體感而用粉彩著色。

■ 組裝＆塗裝（擔綱：よしゅあん）

相對於藍薔薇雀蜂，紅薔薇走鵑鳥是以紅色和橙色作為主色來施加塗裝。

武器是以壽屋製 M.S.G HW-03 聯合巨劍為基礎，拼裝走鵑鳥的武器製作而成。

這次的武器是以大型斧矛為藍本製作。為了讓屬於透明零件的光束刃裝設在聯合巨劍上，用廢棄框架和透明補土自製連接部位。

和原有的聯合巨劍一樣，這件武器也是製作成不僅能拆解成多個零件，還能當作個別武器配備使用，更能替換組裝的形式。和雀蜂一樣，武器等部位也拿市售手工藝用品、萊茵石、美甲用品添加裝飾。

KOTOBUKIYA 1/1 scale plastic kit
MEGAMI DEVICE SOL RAPTOR
modeled&described by MATSU-O-J

壽屋 1/1比例 塑膠套件
# 女神裝置 SOL 猛禽
製作、撰文／**まつおーじ** (firstAge)

馳騁天際的獵人

## 依個人喜好重新詮釋SOL 猛禽
## 活用維他命包裝配色＋低視度塗裝

　　這件範例的主體乃是出自黑星紅白老師和柳瀨敬之老師設計，屬於SOL雀蜂和SOL走鵑鳥強化型的「SOL猛禽」，至於呈現方式則是詮釋成更換配色版本。擔綱製作者是首度接觸美少女模型的まつおーじ。雖然範例中依據個人喜好採用維他命包裝風格的配色，卻也一如作者向來擅長的機械題材，為機翼等各部位施加了低視度塗裝。

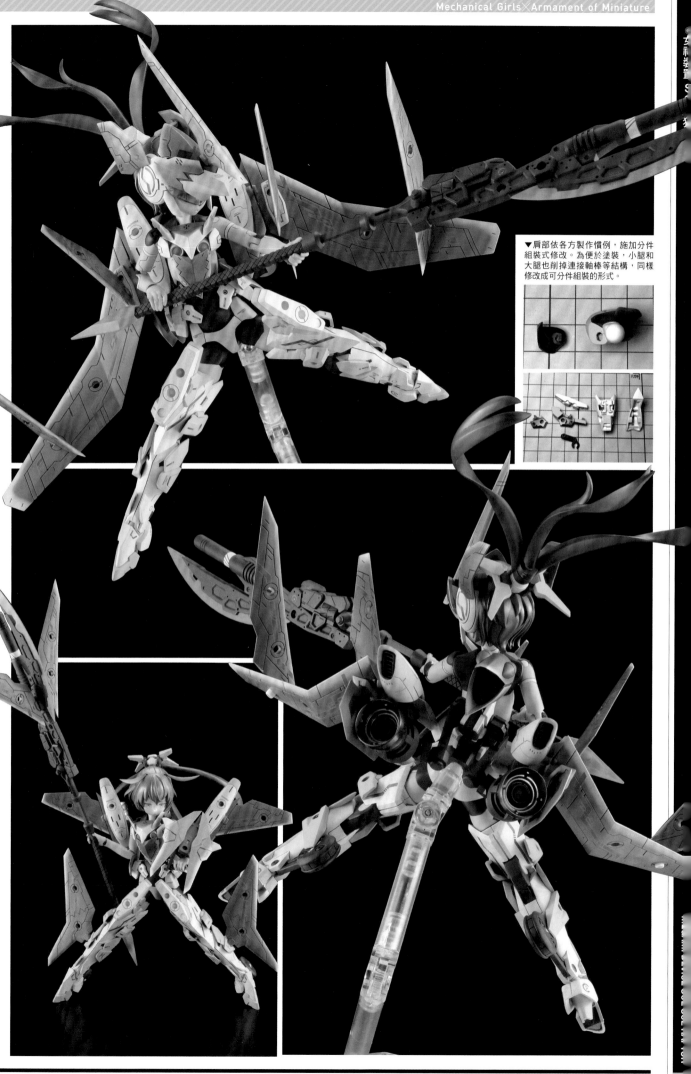

▼肩部依各方製作慣例，施加分件組裝式修改。為便於塗裝，小腿和大腿也削掉連接軸棒等結構，同樣修改成可分件組裝的形式。

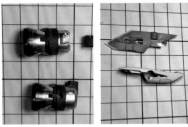

▲主翼引擎組件也是只要為連接軸棒和組裝曹削出缺口，該部位即可分件組裝。噴射口是先按照底漆補土→Ex黑→特製鏡面鉻的順序施加基本塗裝後，再用純色青、洋紅、透明橙施加光影塗裝來營造出燒灼表現。

▲光束刀利用M.S.G射刃連環槍改造成能夠變形為光束斧的形式。

### ■前言……

這次接到要製作女神裝置SOL猛禽的委託，雖然也用不著隱瞞什麼，但這還是我第一次做這類美少女模型呢。

### ■來製作吧

想要先完成無縫處理再塗裝的話，就得輪到分件組裝式修改派上用場。大腿和小腿都是配合外側的線條分割開來，使該處能分件組裝。肩部是先將卡榫削成橢圓形，並把組裝槽也削成縱長孔洞，這樣即可分件組裝。內搭褲亦是將腰部組裝槽從剛剛好的位置削掉。臂部的組裝槽同樣消出Ｃ字形缺口。為讓引擎組件能橫向滑移進去，於是將組裝槽消出缺口。光束刀雖然照理來說要將組裝槽削出缺口，同時也把榫卯削掉，但這樣一來會讓刀刃容易斷裂，因此別把榫卯削掉，改為在組裝槽雕出溝槽，以便先嵌組再蓋住會比較好。光束刀本身還搭配M.S.G射刃連環槍改造成能夠變形為光束斧的形式。原有的台座看起來類比感過重，範例中乾脆將女神裝置的標誌放大影印，黏貼在塑膠板上自行切削重製一個。

### ■來塗裝吧

根據個人喜好塗裝成維他命包裝風格的配色。由於我常用的文具多半是黃綠色，因此便採用這種自己日常生活中常見的配色。既然名為猛禽，那麼肯定會聯想到F-22猛禽式，於是試著將機翼塗裝成灰色，以及用白色為外緣施加漸層塗裝。臉部和腹部究竟是該比照其他部位塗裝得有點粗糙感，還是該營造出光澤感才對呢，塗得有點粗糙感總覺得闖令人在意，乾脆整個洗掉，改為比照成形色用AG珍珠漆的牛奶白來塗裝。這樣一來也就呈現不錯的光澤感……不過臉頰和肌膚的陰影和稜邊，還是使用無底漆補土膚色粉紅稍微施加光影塗裝。即使就比例來說是1/1，但範例中姑且不管比例感，將噴射口採用底漆補土→Ex黑→特製鏡面鉻的順序塗裝成金屬質感，更運用純色青、洋紅、透明橙施加光影塗裝來營造出燒灼表現。

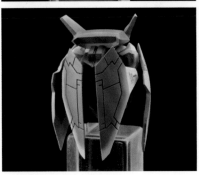

色，這部分採用低視度的鼠色系塗裝。

將主體裝甲取下並重新組合後，即可構成能聽她發牢騷的雕鴞型機體。一如雕鴞的特

## 機戰少女Alice 聯名企劃產物
## SOL 打擊猛禽
## 率先改造套件推出範例！

　SOL打擊猛禽乃是作為與智慧型手機用3D射擊遊戲《機戰少女Alice》聯名企劃，在該遊戲中登場的女神，在此率先以SOL猛禽為基礎推出立體作品。本範例的擔綱製作者為Blondy 51。還請各位仔細鑑賞有著褐色肌膚搭配深藍色的機身，帶點冰山美人氣息的猛禽！

KOTOBUKIYA 1/1 scale plastic kit
MEGAMI DEVICE SOL RAPTOR
MEGAMI DEVICE SOL STRIKE RAPTOR
modeled&described by Blondy 51

壽屋 1/1比例 塑膠套件
女神裝置 SOL 猛禽 改造
**女神裝置**
**SOL 打擊猛禽**
製作、撰文／**Blondy 51**

# 眼前為之一亮
# 另一架SOL猛禽

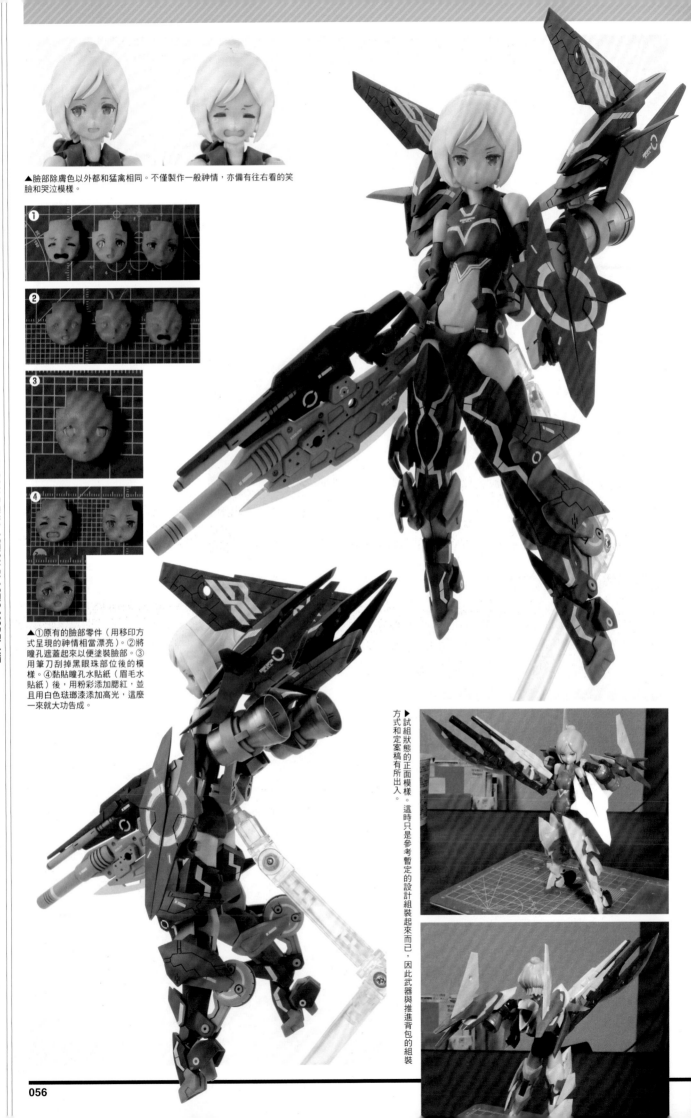

▲臉部除膚色以外都和猛禽相同。不僅製作一般神情，亦備有往右看的笑臉和哭泣模樣。

① ② ③ ④

▲①原有的臉部零件（用移印方式呈現的神情相當漂亮）。②將瞳孔遮蓋起來以便塗裝臉部。③用筆刀刮掉黑眼珠部位後的模樣。④黏貼瞳孔水貼紙（眉毛水貼紙）後，用粉彩添加腮紅，並且用白色琺瑯漆添加高光，這麼一來就大功告成。

▶試組狀態的正面模樣。這時只是參考暫定的設計組裝起來而已，因此武器與推進背包的組裝方式和定案稿有所出入。

### ■ 猛禽的另一種衍生版本

這是在《機戰少女Alice》中登場的打擊猛禽。相較於猛禽的武裝模式，乍看之下會給人屬於輕裝版的印象，不過這可以是猛禽為基礎，在推進背包搭配雀蜂的零件，膝蓋也搭配走鵑鳥的零件，其實是相當豪華奢侈的規格呢。而且更是用取自猛禽的臉部零件、取自雀蜂的頭髮零件，以及取自走鵑鳥的膚色零件搭配製作而成。不過屬於原本猛禽特徵的大型機翼倒是幾乎都沒有使用到，參考較為簡潔的拼裝搭配方式。

### ■ 塗裝

我個人是把玩優先派，在塗裝時向來都是盡可能地保留成形色，不過這次有詳盡的指定配色，因此便以該資料為準全面施加塗裝囉。附帶一提，素體部分的主色是以學校泳裝為藍本喔（！）

由於膚色部位和走鵑鳥一樣是褐色，因此選用gaiacolor「塑膠棕膚色」來塗裝，至於陰影部位則是噴塗「透明棕」來呈現。

在能夠賦予人物模型生命的「臉孔」方面，先將原本移印式瞳孔部位遮蓋起來，以便塗裝膚色，等乾燥後將瞳孔的黑眼珠部位刮掉，再以瞳孔位置為準黏貼瞳孔水貼紙。採用這種方式會較易於對準瞳孔的位置，處理起來會比較輕鬆喔（其實這是鳥山製作人教我的訣竅啦）。

機械部位主色＝暗紫色＋午夜藍
（gaiacolor）
機械部位粉紅＝機甲少女 灰色（gaiacolor）
素體部位主色＝鈷藍＋中間灰V
（gaiacolor）
噴射口＝GX藍金（Mr.COLOR）

▲將腿部裝甲內側的凹槽用保麗補土填滿。
▲將膝蓋零件連接結構的一部分削掉，使該處能分件組裝。

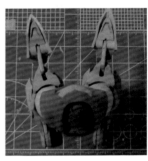

▲膝蓋內側是將手邊現有的SOL雀蜂腳底零件加工後，再黏合於該處，並填滿空隙而成。

▼由和軍刀的配色和套件不同，因此替換為透明樹脂材質製的零件，以便塗裝成透明藍。另外，機身標誌為自行準備的獨創版本。

# 輝煌耀眼的忍者!?

壽屋 1/1比例 塑膠套件
女神裝置 朱羅 忍者 改造

**女神裝置 朱羅
忍者「煌」**
製作、撰文／よしひこ

KOTOBUKIYA 1/1 scale plastic kit
MEGAMI DEVICE ASRA NINJA conversion
MEGAMI DEVICE ASRA NINJA "KIRARA"
modeled&described by YOSHIHIKO

## 將女神裝置新作
## 做得更為風姿綽約

　　在此要由美少女模型製作家來經手女神
裝置系列第5作「朱羅 忍者」。範例中將
充滿和風氣息的紅色忍者予以重新詮釋，
賦予她更為流行且閃亮耀眼的形象。而且
還用較淺的紅色與金色添加原創標誌和紋
路，使作品整體能顯得更為優美動人。

▲臉部使用原有的零件，不過眉毛配合髮色重塗成粉紅色。這方面是在刻意留下眉毛原有的深棕色外緣作為分界線之餘，將其中央筆塗粉紅色而成。另外，被瀏海遮住的額頭也利用TAMIYA舊化大師凸顯陰影。

▲▶將腹部下緣兩側原有的圓頂結構削掉，並將釹磁鐵裝入該處的2mm孔洞中。內搭褲這邊也一樣要裝設磁鐵，以免該處在擺設動作時鬆脫開來。

▲ 將肘關節的凹槽用補土填滿。另外，為騰出容納膝關節漆膜的空間，必須從接合面將寬度縮減約0.3mm才行。

▲ 各部位的原創和風紋路是用漆筆手工繪製而成。大腿處則是黏貼金箔作為重點裝飾。

我周遭的諸位紳士淑女都相當熱衷於女神裝置，這次我個人則是有幸受邀擔綱製作其範例，還請多多指教。

話說領到試作品後，當然要先將她試組起來看看，結果竟然體會到幾乎無從動手修改的驚人經驗。這款套件就是精湛到沒什麼好修改的，就這點來說，想要找出能夠列為範例修改重點的部位還真難啊！不過實際組裝過之後，令人在意之處倒是有下列兩點。

・夾組膝關節時，必須預留能容納漆膜的空間。

・要是沒有針對腹部和內搭褲的連接部位加工，肯定沒辦法為內搭褲進行無縫處理。

在膝關節方面，分割線高低落差結構的寬度約為0.8mm，範例中將該處從接合面把寬度縮減0.3mm，也就是讓高低落差結構的寬度剩下0.5mm。縮減寬度後，先為膝關節塗裝，等漆膜乾燥後，再將大腿／小腿組裝起來，並且進行無縫處理，然後重新塗裝。要是勉強把這個部位修改成能夠分件組裝的形式，恐怕會有造成零件破裂的風險，因此最好還是按部就班地反覆組裝和上色的作業。

腹部和內搭褲的加工方式還請參考製作途中照片和圖說。

話說這款套件的題材是忍者，上色樣品照片的配色相當令人欣賞，深具獨創性，讓人著迷不已呢。若能為原有的配色加上白色紋路……看起來肯定會更迷人！話雖如此，以範例來說，這樣的改變幅度似乎不夠大呢。這次的製作時期剛好是在12月下旬，那麼不妨讓她更具應景的氣氛吧。於是在配色方面就減少黑色的比例，改為增加白色與紅色的分量，這樣看起來就很有氣氛。

為讓紅色不會與成形色的紅色差太多，範例中是拿為超級義大利紅（C）添加螢光紅（G）調出的塗料來上色。不過這個塗料毫無遮蓋力可言，最好是先用為超級義大利紅加入白色所調出的粉紅色來塗裝底色。

由於白色部位是以最後會用油畫顏料的紫羅蘭灰施加濾化為前提，因此得選用橙色系的白色才行。這部分是拿電腦戰機專用漆（VR）的暖白（G）和Ex-白（G）用1：1的比例調色而成。如同前述，最後用油畫顏料的紫羅蘭灰稍微塗布陰影。

由於責編說髮色可以隨我自由發揮，因此便選用給人較明亮印象的粉紅色。這部分的底色是為Ex-白（G）加入一點點螢光粉紅（G）調色而成，至於陰影色則是選擇噴塗用透明漆稀釋過的VR粉紅（G）。

由於有好幾處都黏貼自製的金色水貼紙，因此得設法調出同樣的金色才行。這方面是為在大型美術用品店買到的洋金粉（赤口）加入透明漆調製而成。另外，僅為大腿黏貼真的金箔作為重點裝飾。

壽屋 1/1比例 塑膠套件
女神裝置 朱羅 弓兵 改造

# 女神裝置 朱羅
# 鬼姬（橋姬）弓兵

製作、撰文／よしゅあん。、こねこのしっぽ。

KOTOBUKIYA 1/1 scale plastic kit
MEGAMI DEVICE ASRA NINJA conversion
MEGAMI DEVICE ASRA NINJA "KIRARA"
modeled&described by
YOSHUAN,KONEKONOSHIPPO

鬼
姬
面
貌

身
穿
紅
梅
的
女
神
裝
置

## 由よしゅあん。&こねこのしっぽ。
## 將弓兵製作成妖豔的鬼姬

在此要由よしゅあん。&こねこのしっぽ。以朱羅 弓兵
為題材來發揮一番。

這次是以在《平家物語》等日本傳奇故事中際現身的
鬼姬（橋姬）為藍本，藉由穿上與這個季節十分相襯的
「紅梅」服飾，造就一件具有妖豔美感的女神裝置。

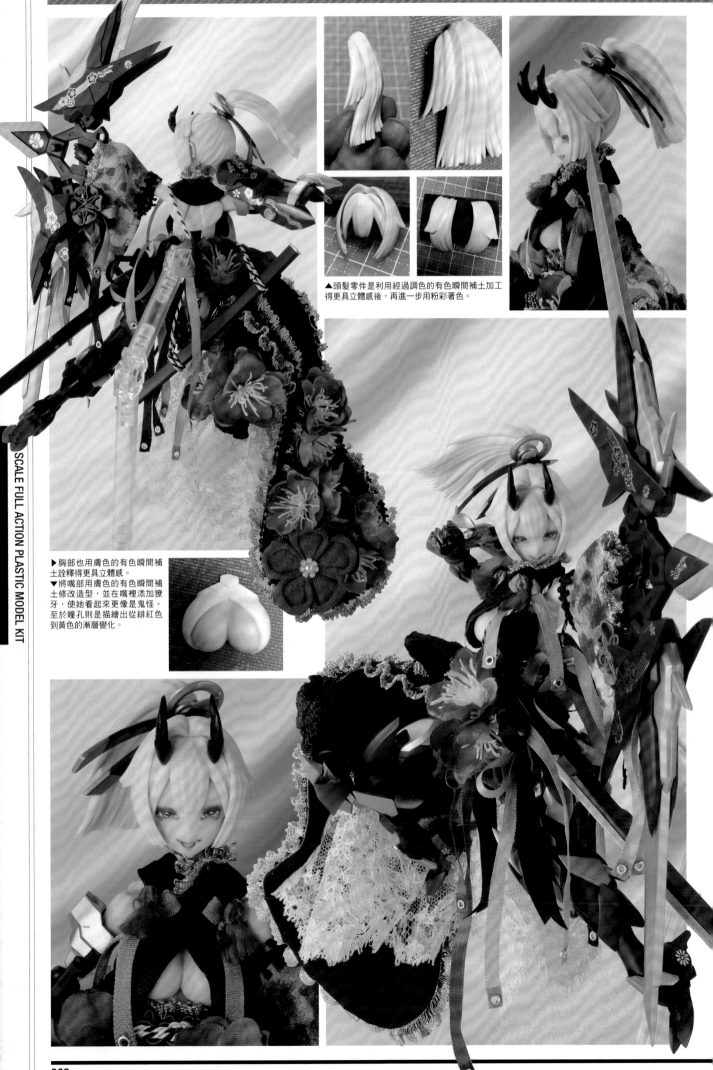

▲頭髮零件是利用經過調色的有色瞬間補土加工得更具立體感後，再進一步用粉彩著色。

▶胸部也用膚色的有色瞬間補土詮釋得更具立體感。
▼將嘴部用膚色的有色瞬間補土修改造型，並在嘴裡添加獠牙，使她看起來更像是鬼怪。至於瞳孔則是描繪出從緋紅色到黃色的漸層變化。

▲從雀蜂和走鵑鳥取用零件和弓兵的零件拼裝，藉此強化弓的形象。只要進一步加裝肩甲，即可構成如同支援飛行組件的造型。

▲為服裝添加大量豔麗的鮮紅梅花作為裝飾。
◀腿部也是大幅修改過形狀之處。腳跟等處均利用補土重新詮釋造型。

▲佩刀取自M.S.G.系列。同樣取自M.S.G.系列的尖銳造型手選用透明版，這部分是先用噴筆薄薄地噴塗特製鏡面鉻，再用透明色噴塗覆蓋而成。

### ■服裝設計定案＆縫製、頭髮零件加工、為臉部重新繪製眼睛
（擔綱／こねこのしっぽ。）

這件範例是以春暖花開時節綻放的「梅」為主題，據此來設計和服風格晚禮服。服裝本身是以「紅梅」為主要藍本，在配色方面則是以黑色為基礎加上緋紅色，並且用金色作為點綴。

左手的單袖是拿和服用布料縫製而成。胸部零件則是用膚色的瞬間補土塑形。

眼部是先用筆塗方式描繪出緋紅的瞳孔，接著再於其表面描繪出從緋紅色到黃色的漸層效果。

臉部零件是先用膚色的有色瞬間補土塑形做出嘴巴，再為嘴部內側上色，然後添加獠牙。頭髮零件則是拿經過調色的有色瞬間補土對造型進行加工，增加立體感。加工後還進一步用粉彩著色。

### ■組裝並修改、塗裝
（擔綱／よしゅあん。）

既然是以「鬼姬」為概念，範例中也就將整體削磨得更具銳利感，並且以不會淪於凌亂為原則來營造出全身的銳利感。範例中除使用到弓兵之外，亦拿SOL 雀蜂、走鵑鳥的局部武裝零件拼裝，更動用M.S.G.的零件施加修改。

塗料選用gaiacolor，從底色到主體都是用噴筆塗裝的。M.S.G的刀和尖銳造型手都是選用透明版，這部分是先用噴筆薄薄地噴塗特製鏡面鉻，再用透明色噴塗覆蓋而成。

肩甲製作成以鬼面具為藍本的造型。這部分是先塗裝，再貼上梅花圖樣的指甲彩繪貼紙之類材料，追加帶有和風的裝飾。

# 豔麗綻放
## 的櫻花
# 豔櫻織姬

壽屋 1/1比例 塑膠套件
女神裝置 朱羅 忍者 改造

**女神裝置 朱羅**
**鬼姬（豔櫻織姬）忍者**

製作、撰文／よしゅあん。、こねこのしっぽ。

KOTOBUKIYA 1/1 scale plastic kit
MEGAMI DEVICE ASRA NINJA conversion
MEGAMI DEVICE ASRA ONIHIME
(ADEZAKURAORIHIME)NINJA
modeled&described by
YOSHUAN,KONEKONOSHIPPO

## 利用「女神裝置 朱羅 忍者」完成的鬼姬姊妹

　　繼前一頁介紹的「朱羅 鬼姬（橋姬）弓兵」之後，よしゅあん。＆こねこのしっぽ。這組搭檔進一步製作她的妹妹「豔櫻織姬」。這件作品原本是為參加 HOBBY JAPAN 月刊2019年7月號「女性角色模型群賽會」才製作，不過畢竟是出自職業模型師之手，當時僅在全參賽作品中稍微介紹一下，如今則是追加製作新的臉部表情零件，並且以正規「範例」的形式加以介紹。

　　在欣賞這對總算有機會同台演出的姊妹之餘，亦請各位仔細品味將女神裝置套件製作成人偶風格的絕妙技法。

▲人類臉孔用藍色瞳孔是裝入天然的寶石裸石而成。頭髮是用有色瞬間補土做出波浪捲作為細部修飾，而且還用朱羅 忍者 蒼衣的零件製作成雙馬尾造型。雙馬尾本身是取自機甲少女席爾菲的附錄零件。
◀以仿古布料和蕾絲來製作出和風服裝。各部位也都以名稱典故中的櫻花為藍本添加裝飾。

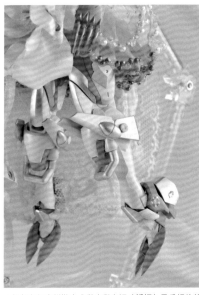

▲腿部在經由拼裝方式做出與鬼姬（橋姬）弓兵相仿的風格之餘，亦以牛為藍本為膝蓋營造出區別。
◀武器是以替換組裝朱羅 忍者的零件為主製作而成。為配合服裝的風格，因此用粉紅色和白色施加漸層塗裝，裝飾品類也做相對應的調整。

▲這是全新製作的鬼面孔。視線和歪斜的眉毛營造出辛酸神情。相對於人類臉孔的藍色瞳孔，鬼面孔則是改以紅色為基調，而且還細膩地描繪出虹彩樣貌。嘴邊的獠牙也經由上色凸顯出來。塗裝方面都是使用壓克力顏料。

### ■服裝定案設計＆縫製、頭髮零件加工、為臉部零件重新繪製眼睛（擔綱／こねこのしっぽ。）

這件範例是女神裝置弓兵「鬼姬」的姊妹機，其面容宛如豔麗地綻放的櫻花。跳起舞來的身影就像是仙女一樣。在春天綻放的鬼姬姊妹么妹「豔櫻織姬」，就像是隨著春天的蓬勃生機現身……

以仿古布料和蕾絲來製作出和風服裝。還以櫻花綻放為藍本做出雪紡袖套和荷葉裙。頭飾和衣服上的裝飾也都是用人造櫻花來呈現。至於胸口則是打上極小撞釘，以便綁上蝴蝶結。

雙層荷葉裙在裙襬處都分別用手工縫上架構相異的三色串珠（包含仿古布料在內）。在配色方面則是由粉紅和銀色所構成。

人類風格臉孔的眼睛為藍色，該處是先用手鑽在瞳孔上挖出開口，再裝入小尺寸天然寶石裸石做出的。鬼姬臉孔的眼睛為紅色，該處是為黃色添加虹彩而成。

臉部的鼻子和嘴部，都是用筆刀和神之手（God Hand）製的神磨做出所需造型，接著為嘴部裡上色後再添加獠牙。至於耳部則用gaianotes公司製有色瞬間補土塑形而成。

頭髮零件是以朱羅 弓兵的瀏海零件為基礎，比照其顏色用有色瞬間補土調色後，再用來做出波浪捲造型。頭部後側選用朱羅 忍者 蒼衣的雙馬尾髮型用同部位零件，並且調整接合線的造型。至於雙馬尾本身則是沿用自機甲少女席爾菲的附錄頭髮零件。

所有加工作業都完成之後，先用噴罐版消光透明漆噴塗覆蓋整體，再用粉彩來著色。

### ■組裝並修改、塗裝（擔綱／よしゅあん。）

這次製作朱羅 忍者時是以櫻花為藍本，在配色方面是以白色、銀色、粉紅為基調。塗料主要是使用gaiacolor。

除了替作為基礎的朱羅 忍者搭配壽屋製M.S.G零件之外，製作時也沿用《機甲少女》和《女神裝置》的零件。拼裝腿部零件時為膝蓋做出以牛頭為藍本的造型。在配合先前製作的弓兵調整之餘，亦採用正好相反的配色模式，至於機械類零件則是刻意不讓差異顯得過於醒目。

作為武裝的扇子，是以粉紅色和白色為基調，並且經由塗裝營造出漸層效果。這件忍者製作與弓兵左右相反的武裝零件，這兩者也能彼此交換零件使用喔。

## 以朱羅 蒼衣搭配創造出喜愛惡作劇的女神

在此要介紹拿女神裝置朱羅系列衍生版套件「蒼衣」拼裝製作而成的原創版「蒼衣」。擔綱製作者為よしひこ。除了用補土重製髮型來大幅改變形象之外，亦施加對美少女模型來說較為罕見的輕度水洗，造就不管怎麼看都充滿冰山美人氣息的女神。

▶這是奢侈地使用3盒朱羅 蒼衣系列套件製作出來的範例。作品名稱典故來自江戶時代某位女性武者的稱號。將3人份的武裝都掛載在身上時，其實根本難以動彈，因此在戰鬥中會將腿部以外的武裝排除掉。在女神自己的主觀判斷下，為讓原本雜亂的瀏海在非戰鬥狀態時也不會妨礙到自己發揮實力，於是擅自剪成平瀏海造型。腿部不僅設置2套小腿護甲組件，還進一步追加脈衝噴射器，使得重心呈現極度偏向下半身的狀態，亦得以發揮出異於尋常的機動行進（僅限於排除上半身的裝備後）。必殺技是展開腳刀後，進而施展出的掛踢。嗜好是欣賞鯊魚題材電影。

壽屋 1/1比例 塑膠套件
女神裝置 朱羅 忍者 蒼衣＆弓兵 蒼衣 改造
# 女神裝置 朱羅
# 別式 蒼衣
製作、撰文／よしひこ

KOTOBUKIYA 1/1 scale plastic kit
MEGAMI DEVICE ASRA NINJA AOI & ASRA ARCHER AOI use
MEGAMI DEVICE ASRA BETSUSHIKI AOI
modeled&described by YOSHIHIKO

# 我這記
# 掛踢滋味如何？

▲臉部保留套件本身附屬的3種零件，僅用筆塗方式重新繪製眉毛。瀏海利用磁鐵作為裝卸機制，因此得以流暢地更換臉部零件。

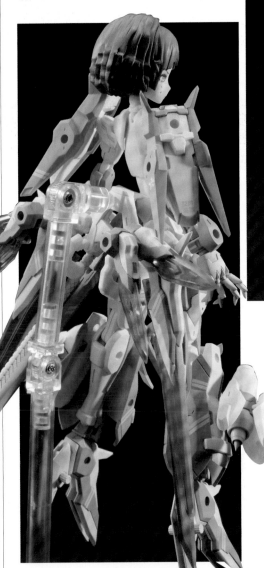

▼雖然有著長卷（日本刀）、臂部護甲、小腿護甲、大弓、苦無（飛鏢）、脈衝噴射器組件，以及腳刀等武裝，但幾乎都是集中設置在腿部上。由於設置腳刀的關係，使得腿部顯得更長，因此呈現相當另類的體型。

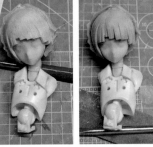

▲▶瀏海是用AB補土自製的。這部分是先堆疊AB補土，等硬化後用筆刀切削修整外形，接著用海綿研磨片輕輕地打磨。然後拿磨鋸銼雕刻出能區分不同髮束的細微線條。至於側面髮束則是逐一額外追加一道髮束。等到過30分鐘呈現辦硬化狀態時，進一步堆疊補土咬合住表面，將髮型處理得柔順流暢。

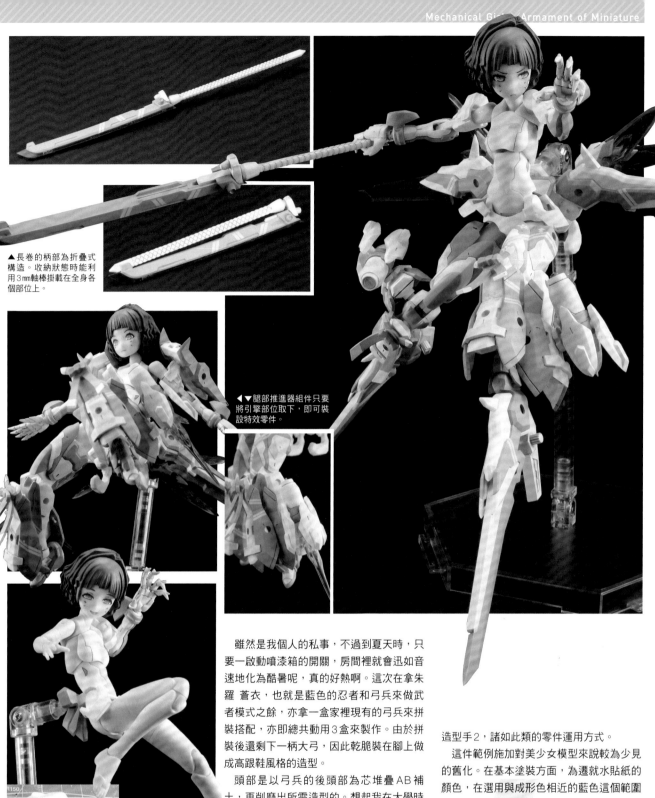

▲長卷的柄部為折疊式構造。收納狀態時能利用3mm軸棒掛載在全身各個部位上。

◀▼腿部推進器組件只要將引擎部位取下，即可裝設特效零件。

◀身體與腰部區塊改用磁鐵來連接。這樣即可和歷來製作的其他女神裝置彼此替換組裝。

▲（左）水洗作業是先大致塗布，再趁著未乾燥狀態擦拭。第2次塗布時，只要漆筆的塗料沾取量能少一點，顏色看起來就會顯得深一點。
（右）自左起依序為從施加0次到3次水洗這4個階段的髒汙幅度測試，雖然施加1次和2次之間的效果看起來很不錯，但實際上會導致塗料容易裡積在逆向稜邊裡，因此就算只塗布1次也能獲得很好的效果。

◀為替膚色零件進行無縫處理，因此先用Mr.模型膠水SP來黏合零件，以便擠出溢膠將縫隙填滿。若是縫隙較大的話，那麼就改用有色瞬間補土（gaianotes）來填補。

雖然是我個人的私事，不過到夏天時，只要一啟動噴漆箱的開關，房間裡就會迅如音速地化為酷暑呢，真的好熱啊。這次在拿朱羅 蒼衣，也就是藍色的忍者和弓兵來做武者模式之餘，亦拿一盒家裡現有的弓兵來拼裝搭配，亦即總共動用3盒來製作。由於拼裝後還剩下一柄大弓，因此乾脆裝在腳上做成高跟鞋風格的造型。

頭部是以弓兵的後頭部為芯堆疊AB補土，再削磨出所需造型的。想起我在大學時曾覺得若是有這種髮型就好，因此乾脆就用抹刀塑造出來。

除自製的頭部以外，這次僅使用到女神裝置系列和M.S.G系列。因此只要知道各部位分別使用哪些零件，那麼即可做出頭部以外都完全一模一樣的女神。舉例來說，胸部是取自魔導少女的，至於手掌則是沿用自尖銳

造型手2，諸如此類的零件運用方式。

這件範例施加對美少女模型來說較為少見的舊化。在基本塗裝方面，為遷就水貼紙的顏色，在選用與成形色相近的藍這個範圍內，挑選不僅顯得稍微淺一點，而且還帶著些微紅色調的顏色。由於黃色部位不必遷就水貼紙的顏色，因此以能夠發揮裝飾性為優先，選用著重於視覺震撼性的螢光黃。

先用超級柔順型透明漆噴塗覆蓋整體，再用Mr.舊化漆的多功能灰大致塗布，然後趁著乾燥前擦拭。不過身體的顏色要是顯得較暗沉，那麼看起來就不夠可愛，因此身體僅用入墨線的方式來處理。

**■配色表**

藍＝天藍色＋螢光紅（gaiacolor）＋純色青
白＝Ex-白
黃＝冷白＋螢光黃（gaiacolor）
肌膚＝白膚色＋螢光粉紅
頭髮淺色部位＝薰衣草色＋Ex-白
頭髮深色部位＝火星深紫＋純色紫羅蘭色

為令和獻上祈禱

壽屋 1/1比例 塑膠套件
女神裝置 朱羅 九尾 改造
**女神裝置 朱羅 九尾**
**令和迎春Ver.**
製作、撰文／**吉村晃範**
(JUNE ART PLANNING)

KOTOBUKIYA 1/1 scale plastic kit
MEGAMI DEVICE ASRA NINE-TAILS conversion
MEGAMI DEVICE ASRA NINE-TAILS
REIWA GEISHUN Ver.
modeled&described by
Akinori YOSHIMURA
(JUNE ART PLANNING)

**最新作朱羅 九尾**
**詮釋身披華美十二單的面貌**

　　本書獨家範例之一，正是以最新作朱羅 九尾為基礎所完成的這件作品。題材典故乃是源自皇后在即位禮正殿儀式中所穿的十二單，據此詮釋出具有華美面貌的九尾。這件範例基本上是以發揮出套件自身的素質為前提，因此在讓主體維持原樣的狀態下，巧妙地運用配色和裝飾手法來增添風采。

▲髮梢處拿車輛＆機車模型用仿真纜線添加裝飾。

▲頭部零件在製作上把便於頭部這側球形關節自由裝卸的需求納入考量。這方面是準備另一份頸部的基座零件，並且將連接部位削出Ｃ字形缺口，這樣一來即可分件組裝。

▲檜扇的製作。主體是重疊6片1mm塑膠板，並且用黃銅線來固定3mm圓形塑膠棒作為握把。裝飾性零件是拿刺繡系和手工藝用串珠來呈現。另外，更準備攝影用的人造花。

▲武裝模式用的膝蓋內側，以及其他部位的凹槽均用保麗補土填滿。至於大腿側面則是黏貼M.S.G系列φ字形結構作為細部修飾。

▶由於範例中使用的是試作品，導致有一部分武裝的連接結構不夠精確，因此乾脆將該處填滿，並且改用0.8mm黃銅線連接。

▲腿部武裝的凹槽均用補土填滿。

▼由於腿部顯得短了點，為讓這部分能顯得修長些，因此為大腿裝設了砲手附屬的H15墊片零件。

▼將受限於試作品階段，導致組裝起來顯得較鬆弛的軸棒替換成塑膠棒，組裝槽也塞入塑膠材料等物品，調整得狹窄些。

感覺上日本的年號才從平成換成令和，沒想到一下子就到歲末年初時分啦。我個人對於天皇、皇室相關歷史都有點興趣，包含電視上播出的特輯之類節目在內，我都會錄下來並不時抽空觀賞。話說在壽屋官方網站上看到朱羅 九尾這件新作的照片時，我不禁想到是否能用異於以往的配色來營造出和風一事。接著又聯想到之前皇后在即位禮正殿儀式中所穿戴的十二單衣，於是打算將這兩者融為一體。雖然每個人的感受可能各有不同，不過我是打算製作成結合令和與春天氣息的模樣。若是各位能仔細品味整件作品，那將會是我的榮幸。

■ 女孩子主體

作為基礎的是朱羅 忍者，或許有些讀者已經製作過好幾盒了吧。在責編要求要表現出「建議如何拿M.S.G來搭配」的委託下，範

例中是以保留可動性和能夠更換各式裝備為前提，因此為盡可能避免刮漆，關節部位可是格外地講究事先削磨，調整騰出容納漆膜的空間。只是組裝槽、大小連接結構、零件總數實在太多，導致光是在箱制處理階段就搞得手指痠痛不已。若是想要減少作業時間的話，那麼預先規劃在哪個形態要使用什麼M.S.G來搭配，又有哪些可供選擇替換，然後據此固定成專屬形態，這也是解決方式之一呢。

腰部前後兩側不僅用裁切成細條狀的塑膠板追加凸起結構，亦追加刻線，而且也用相同手法在素體模式的頸部一帶追加和風服狀細部結構。

武裝模式的襟領和腹部都裝入0.5mm的鋁製鉚釘以作為重點裝飾，3mm組裝槽也裝入HIQPARTS製RN鉚釘A。

■ 檜扇的製作

既然身披十二單衣，那麼手上肯定不能少檜扇，於是我便參考相關資料試著做做看囉。這部分是先將塑膠板拼接黏合起來，在將其中一側的角磨圓，但光是做到這樣仍無法持拿，因此自行詮釋成加裝3mm圓形塑膠棒作為持拿之用。接著是在主體上黏貼雙面膠帶，纏繞並固定住4種顏色的刺繡用繡線，以及用櫻花串珠作為裝飾，最後在末端加上鋁製鉚釘，這麼一來就大功告成。

■ 塗裝

底色選用屬於超微粒子的Finisher's細緻銀。接著按照陰影色→白色→月長石珍珠漆的順序塗裝，至於其他顏色則是以暗紫羅蘭色為底色施加塗裝。白色以外部位拿透明漆噴塗覆蓋時都是選用gaiacolor的Ex-特製半光澤透明漆，以便呈現沉穩的半光澤質感。

壽屋 1/1比例 塑膠套件
女神裝置 朱羅 九尾 改造

女神裝置 朱羅 九尾「獵犬」
製作、撰文／wooper

KOTOBUKIYA 1/1 scale plastic kit
MEGAMI DEVICE ASRA NINE-TAILS conversion
MEGAMI DEVICE ASRA NINE-TAILS "HOUND"
modeled&described by wooper

# 狂野氣息的九尾看來如何啊？

## 融入獵犬形象
## 九尾原型機

　　為本書全新打造的第二件範例，同樣是以最新作九尾為題材。擔綱製作者正是在本書中為大家所熟知，在模型技術上展露獨特天賦的wooper。範例中以凸顯出擁有輕武裝且具野獸威為製作方向，造就名副其實的「獸化改造人」女神。還請各位搭配作者本人撰寫的介紹來欣賞這件範例。

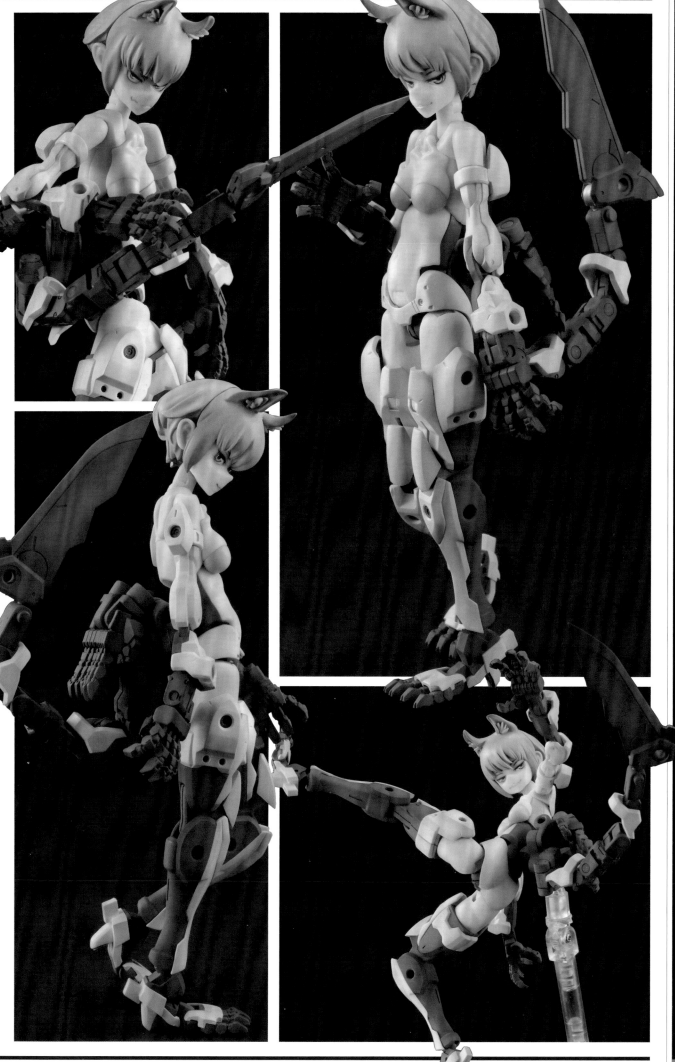

▲臉部共製作3種版本，包含一般表情、冷笑，以及猛獸狀態。每一種都呈現充滿野性氣息的表情。瀏海部位則是改用釹磁鐵來連接，以便能夠流暢地更換臉部零件。

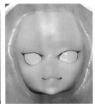

▲為賦予臉部零件更生動的表情，於是用自製雕刻刀（拿精密螺絲起子研磨而成的）重新刻出嘴部。面容是用琺瑯漆來塗裝的。按照眼線→眼白→瞳孔等順序描繪，並且適度等待乾燥後，就用硝基系透明漆予以噴塗覆蓋。不過這次僅將與決定位置相關的部分用透明漆噴塗覆蓋住，接著才是一舉描繪出瞳孔顏色和漸層及高光等部分。

◀▼堆疊AB補土後，用筆刀和砂紙來修整形狀。趁著半硬化狀態用筆刀大致削出雛形，等完全硬化後再用砂紙打磨調整細部，這樣會比較易於處理。等到前述塑形作業完成後，接著就是用保麗補土修整表面。由於這次打算製作多種表情，因此用樹脂複製湊齊所需數量。

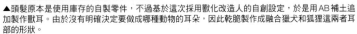

▲頭髮原本是使用庫存的自製零件，不過基於這次採用獸化改造人的自創設定，於是用AB補土追加製作獸耳。由於沒有明確決定要做成哪種動物的耳朵，因此乾脆製作成融合獵犬和狐狸這兩者耳部的形狀。

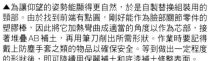

▲為讓仰望的姿勢能顯得更自然，於是自製替換組裝用的頭部。由於找到前端有點圓，剛好能作為臉部關節零件的塑膠棒，因此將它加熱彎曲成適當的角度以作為芯部，接著堆疊AB補土，再用筆刀削出所需形狀。作業時要記得戴上防塵手套之類的物品以確保安全。等到做出一定程度的形狀後，即可陸續用保麗補土和底漆補土修整表面。

◀由於需要能做出大幅度跨步的動作，因此加工製作出內收肌造型。這部分並未使用到補土之類材料，而是用筆刀來雕刻呈現的。

▼將套件原有的腳尖削掉，改為用M.S.G H關節和M.S.G狂野造型手來重製腳尖與腳趾。腳跟也改為設置第5根腳趾。由於以腳趾來說似乎顯得長些，因此還進一步用AB補土自製腳背零件。

▶削掉膝蓋塗上顏色之處，加工成能稍微往前方逆向彎曲的模樣。這樣一來站姿所呈現的氣氛也會稍微有所變化。

### ■主題
雖然製作前就大致決定好整體的形象，不過這次為了凸顯出九尾的野獸要素，於是便往營造出獸化改造人（？）氣息的方向製作囉。附帶一提，由於範例並沒有使用到多少武裝零件，因此是以九尾的輕裝原型機作為藍本來製作。

### ■頭部
為進一步營造出野獸感，於是用AB補土將嘴巴修改成類似動物口吻部位的形狀。趁著補土完全硬化前用筆刀切削，等硬化後再用砂紙打磨調整細部，這樣會比較易於處理。由於希望能有多種不同表情，因此將臉部零件用樹脂複製，進而湊齊嘴部等神情有所不同的零件。頭髮原本是使用庫存的自製零件，後來追加製作獸耳，使她能顯得更可愛一點。

### ■頸部
一提到有野獸氣息的姿勢，就會聯想到抬頭仰望天際，向著遠方咆哮的模樣，因此便打算自製頸部零件。由於手邊正好有「前端有點圓」，尺寸也剛剛好的塑膠棒，因此將它加熱彎曲成適當的角度以作為芯部，再用AB補土塑造出適當的形狀。

### ■腿部
由於設想到會需要擺出大幅度跨步的狂野動作，因此在大腿內側雕刻出肌肉狀造型。這部分並未在表面使用到補土之類材料，而是純粹用筆刀來雕刻的。作業前也用瞬間補土針對厚度較薄之類的部位補強。另外，為讓站姿能顯得更性感些，於是將膝蓋的可動範圍調整成足以擺出S字形站姿。

### ■尾巴
利用M.S.G和九尾的武裝追加尾巴。由於是以獵犬為藍本，因此並沒有製作成九條尾巴，僅製作一條而已。附帶一提，戰鬥形態為完全的格鬥專用，背後也就設置備用手掌零件。

### ■面容
基本上是先將關鍵性部位用硝基系透明漆噴塗覆蓋，再用琺瑯漆描繪出面容，不過這次是在作業尾聲一舉描繪的，因此與其說是細膩感，不如稱為宛如油畫般的朦朧感，力求呈現遠觀時反而顯得很細膩的效果，不曉得各位覺得如何呢？若是各位認為看起來確實比以往的作品更狂野，將會是我的榮幸。以這類尺寸小巧的模型來說，就算不追求極致的細膩表現，看到時腦海裡也會自動根據比例去美化出應有的寫實感？我其實就是想營造出這樣的美化印象效果啦，雖然不太懂詳細的理論就是……

### ■後記
我製作女神裝置時向來是自由發揮，這次更藉由對臉部零件加工表現出個人的喜好。製作美少女模型真可說是一種擁有無限揮灑空間的嗜好呢。希望各位也能自由自在地發揮屬於自己的創意。

## 與九尾的對照組女神施加改裝

　　這件範例是出自Rikka之手的原創改裝作品「朱羅 鐮鼬」。範例本身是從「朱羅 九尾」身上獲得靈感，並且利用「朱羅 弓兵 蒼衣」改裝而成。也就是從九尾這款套件的設計概念去延伸想像，據此施加運用M.S.G為全身各處增設武裝，還有塑造出以妖怪為藍本的造型等改裝，可說是分析歸納九尾所具備的各種要素之後，具體地反映在作品上所得的成果呢。若是您也有著「雖然試圖改造，卻一直想不出好點子」這類的煩惱，那麼不妨像本範例一樣，先參考既有事物歸納出相關要素，再構思出屬於自己的點子吧。

足以斬裂一切的
鐮鼬─

壽屋 1/1比例 塑膠套件
女神裝置 朱羅 弓兵 蒼衣 改造

**女神裝置 朱羅
鐮鼬**

製作、撰文／Rikka

KOTOBUKIYA 1/1 scale plastic kit
MEGAMI DEVICE ASRA ARCHER AOI
conversion
MEGAMI DEVICE ASRA KAMAITACHI
modeled&described by Rikka

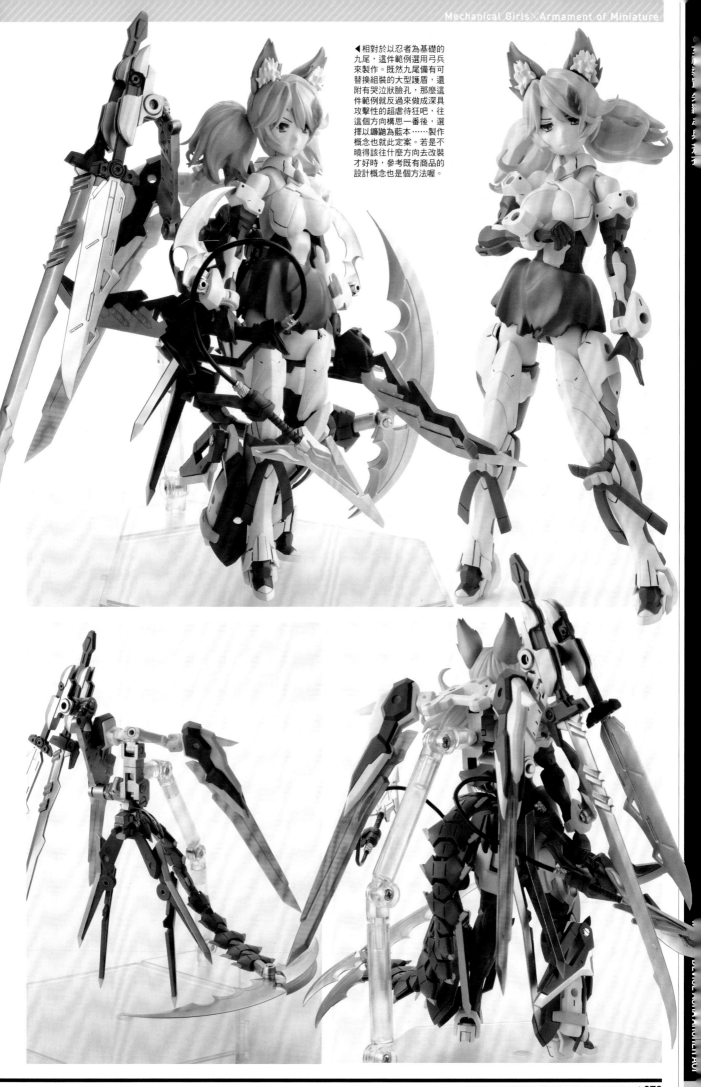

◀相對於以忍者為基礎的
九尾，這件範例選用弓兵
來製作。既然九尾備有可
替換組裝的大型護盾，還
附有哭泣狀臉孔，那麼這
件範例就反過來做成深具
攻擊性的超虐待狂吧，往
這個方向構思一番後，選
擇以鐮鼬為藍本……製作
概念也就此定案。若是不
曉得該往什麼方向去改裝
才好時，參考既有商品的
設計概念也是個方法喔。

▲範例中備有4種不同神情的臉孔。頭髮取自官方版女神裝置改造零件。哭泣狀臉孔則是用忍者的臉部零件製作而成。

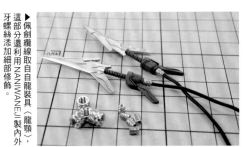

▶這部分邊利用NANIWANEJI製內外牙螺絲添加細部修飾。佩劍纏線取自自龍裝具〈龍顎〉。

▲這是Rikka（自行破費）準備的市售特效零件。為可愛的女兒什麼都買，真是個標準的傻爸爸啊。

▲鐮尾是用直徑3mm纏線將獸刀和骨鐮連接組裝而成。原有的3mm組裝槽剛好能讓纏線穿入其中呢。

## ■以超虐待狂攻擊性妖怪為藍本

這次和朱羅 九尾的概念一樣，是以妖怪為主題，選用弓兵製作出「朱羅 鐮鼬」。雖然製作前設想過以各式各樣的妖怪為藍本，不過後來從九尾身上獲得靈感，決定以既是超虐待狂又深具攻擊性為主題，做成能乘著旋風現身，並且在寂靜無聲中斬裂一切的鐮鼬。製作概念則是以在數量上必須不遜於九尾的尾巴為前提，在全身上下掛載大量的斬擊裝備，更將可全方位活動的尾巴也做成鐮刀狀，讓製作藍本給人的印象能更為鮮明。

### ■關於製作

仿效九尾「身披M.S.G的設計概念」，在構思該如何均衡地設置M.S.G之餘，亦以別

大幅更動各零件原有形狀為前提。武器方面則是使用了大量的獸刀和武士刀2等刀械類M.S.G。但我並不想捨棄弓兵的大弓不用，於是便裝在背部框架上當作機翼類裝備囉。九尾腰際新增看起來很有飄逸感的裙狀零件，看起來頗令人羨慕，範例中也就試著利用防爆披風的下擺製作裙子。在打算替頭部營造出野獸感的想法下，選用女神裝置改造零件套組【Ver.muscuto 01 朱羅忍者用】。至於眼部則是選用HIQPARTS製改裝眼部水貼紙9-B的紅色。另外，相對於九尾的狐狸面具，範例中先到生活日用品店買附帶葉子的人造花，再拿來做出樹葉型髮飾和大尺寸的葉子面具。

### ■關於完工修飾

製作期間最令我煩惱的部分就屬配色。白色部位和金色框架是以九尾為參考，點綴色則是相對於紫色選用綠色。從九尾的完成樣品來看，紫色是詮釋成帶有光澤感的。可是以身披樹葉的鐮鼬形象來說，我個人認為塗裝成光澤質感會顯得很不自然，因此後來決定塗裝成消光質感。總之綠色的色調該如何詮釋才好，這點讓我反覆苦思許久，後來只好買許多種綠色的塗料，並且自行調出不會太偏向軍武味道的顏色來使用。刀刀部位的銀色選用細緻銀，金色選用青金色，至於白色則是以初音白為基調。

▲以人造花製作出葉子狀的髮飾和面具。這部分是用雙面膠帶來固定。添加這類裝飾後更能營造出獨創性呢。

◀▲本身配備大量武器，因此能擺出的架勢也相當多元。亦保留屬於弓兵特徵的大弓。

# 請問您要來點最適合夏天的魔法兔子巧克力薄荷嗎？

KOTOBUKIYA 1/1 scale plastic kit
MEGAMI DEVICE Chaos&Pretty Magical Girl
conversion
MEGAMI DEVICE Magical Girl KAI Magical Rabbit
Choco Mint
modeled&described by YOSHIHIKO

壽屋 1/1比例 塑膠套件
女神裝置 Chaos & Pretty 魔法少女 改造

## 女神裝置
## Choas & Pretty 魔法少女改
## 魔法兔子
## 巧克力薄荷
製作、撰文／よしひこ

## 以兔子為藍本
## 為魔法少女的裝扮添加涼爽氣息

　　這件魔法兔子巧克力薄荷乃是用女神裝置第7款套件「Chaos & Pretty 魔法少女」做出的。範例中以兔子為藍本，將魔法少女詮釋的更加可愛。而且基於作者よしひこ的個人喜好，塗裝成以粉色系為基調，充滿涼爽感的巧克力薄荷風格配色。

▲這是以復活節兔子為藍本追加武裝而成的特製魔法少女。雖然原有機體是針對近接戰鬥特化的，不過隨著追加飛彈和纏炸鏈，使得這名女神也可對應中＆長程戰鬥。另一方面，除可將魔法杖的鎚頭換成射出型鏈鋸之外，由於替換組裝魔法杖需要一些時間，因此近接格鬥戰能力差不少。基本上會採取保持在適當距離，以便靠著飛彈和鏈鋸攻擊目標的方式戰鬥。附帶一提，這樣實在太過顯眼，毫無隱密性可言，再加上又大剌剌地飛在空中，看起來更是醒目。

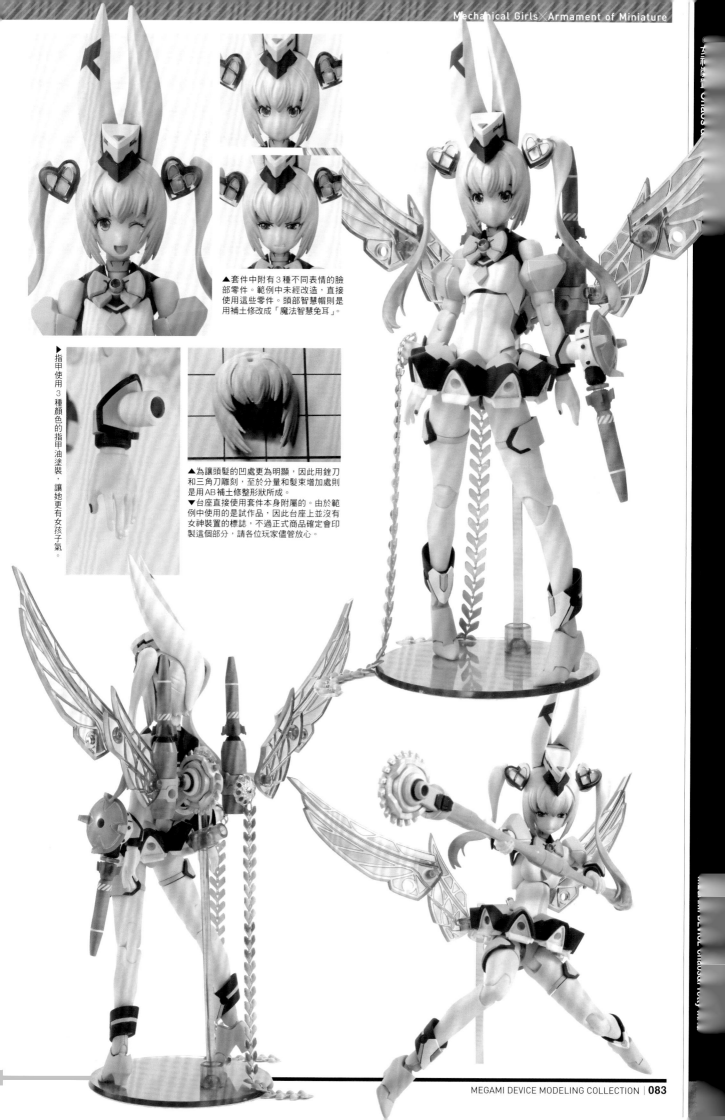

▲套件中附有3種不同表情的臉部零件。範例中未經改造,直接使用這些零件。頭部智慧帽則是用補土修改成「魔法智慧兔耳」。

▶指甲使用3種顏色的指甲油塗裝,讓她更有女孩子氣。

▲為讓頭髮的凹處更為明顯,因此用銼刀和三角刀雕刻,至於分量和髮束增加處則是用AB補土修整形狀所成。
▼台座直接使用套件本身附屬的。由於範例中使用的是試作品,因此台座上並沒有女神裝置的標誌,不過正式商品確定會印製這個部分,請各位玩家儘管放心。

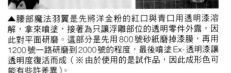

▲將肩胛骨區塊修改成能夠分件組裝的形式，以便塗裝。這方面是削出能讓肩胛骨區塊從身體前側裝進去的開口。另外，若是讓肩胛骨區塊軸棒穿過去的部位稍微往上翹，那麼到時候很難拆開，還請特別留意這點。

▲よしひこ交件時都會在寄送箱上黏貼自行繪製的注意事項圖示。連HJ最新版的LOGO都有畫上去，よしひこ真是有心人！

▲腰部魔法羽翼是先將洋金粉的紅口與青口用透明漆溶解，拿來噴塗，接著為只讓浮雕部位的透明零件外露，因此對平面研磨。這部分是先用800號砂紙磨掉漆膜，再用1200號一路研磨到2000號的程度，最後噴塗Ex-透明漆讓透明度復活而成（※由於使用的是試作品，因此成形色可能有些許差異）。

▲膚色部位幾乎都保留成形色。配合零件本身的色調，眼部一帶也稍微噴上與成形色相近的膚色，而且刻意殘留一些透亮感。這方面的重點在於用白色、人物膚色2、螢光粉紅、透明橙調色，並且調成比零件本身膚色稍淺且明亮的顏色。

既然這次的主題是由作者自行發揮，那麼我就做個能夠酷暑顯得涼爽不少的巧克力薄荷冰淇淋風格吧，這也是我最愛吃的呢。

不過純粹更換配色似乎單調點，於是我進一步加入兔子、星星、花朵、電鋸等自己喜歡的要素，完成巧克力薄荷兔子鍋之類的風味，若是能對到大家的胃口，那將會是我的榮幸。

在製作方面有為頭髮添加細部修飾，還將肩胛骨修改成能夠分件組裝的形式，更把內搭褲改用磁鐵來做連接，而且還追加了自製武裝。

將內搭褲改用磁鐵連接這點，和P.58的朱羅忍者範例一樣，用意在於避免內搭褲在削掉卡榫後易於脫落。總之是將零件B21的組裝槽削掉，改為裝入磁鐵，內搭褲本身當然也裝設磁鐵。

膚色部位接合線是拿gaianotes製有色瞬間補土來進行無縫處理。由於這次膚色部位幾乎都保留成形色，因此需要夾組的部位都得在這個階段完成。在同步處理表面和剪口痕跡之餘，亦將武裝連接管的邊角磨圓。末端的線條也調整得柔和些，讓她給人的整體

印象能更溫柔。

這次除手槍型武裝是取自魔導少女的試作品以外，自製部分都是拿剩餘零件拼裝，或是用補土塊切削出來的。裙子的荷葉邊也往下追加零件，使該處能更具分量感。魔法纏炸鏈是因為找到看起來像薄荷花的珠寶零件，於是拿菊座搭配拼裝出來的。

接著是塗裝。薄荷綠是用鮮薄荷綠＋Ex-白，陰影部分是拿底色加純色青色塗裝而成。巧克力色是先為艦底色加入純色青色，使它顯得濁一點後，再拿來塗裝底色，至於陰影色則是選用德國灰（gaiacolor）。白色部位選用notes膚色，其陰影色是將皮革色用透明漆稀釋調出的。

頭髮是拿為Ex-白加入純色黃和螢光黃的顏色來塗裝底色。陰影色是橙黃色＋Ex-白＋純色綠，只有髮梢是拿鮮明粉紅＋Ex-白＋螢光粉紅施加漸層塗裝，最後用超級柔順透明漆溶解LG珍珠乳白（雲母堂本舖）噴塗覆蓋。

全身各處金色是將洋金粉的紅口和青口用透明漆溶解後，再拿來噴塗的。以重量換算來說，金粉和透明漆的混合比例是1：19。

KOTOBUKIYA 1/1 scale plastic kit
MEGAMI DEVICE Chaos & Pretty WITCH
conversion
MEGAMI DEVICE Chaos & Pretty WITCH
Halloween Ver.
modeled&described by nishi

壽屋 1/1 比例 塑膠套件
女神裝置 Chaos & Pretty 魔導少女 改造

## 女神裝置
## Chaos & Pretty 魔導少女
## 萬聖節 Ver.

製作、撰文／nishi

## 為 Chaos & Pretty 魔導少女
## 換上萬聖節樣式的服裝

　　在此要介紹以凪良老師擔綱設計的女神裝置系
列第8作「Chaos & Pretty 魔導少女」為基礎，
搭配運用 M.S.G 和「六角機牙 重磅毀滅者」所製
作出的萬聖節樣式。在南瓜風格內搭褲以及掃把
狀浮空機車的襯托下，看起來確實是十足的漂亮
小魔女呢！

# Trick or Treat!

▼將六角機牙重磅毀滅者整個改頭換面成掃把風格的載具。仔細觀察後就會發現，雖然零件幾乎都保留原樣，但光是未使用到起落架和座艙罩，看起來就像是截然不同的機體呢。

▲▶由於希望帽尖呈現彎曲下垂的模樣，因此利用AB補土加工修改一下。

▼臉部零件是為眼線和虹膜的局部添加修飾，增加視覺資訊量。施加移印的臉部零件其實表面稍微有點粗糙，因此先噴塗幾層層硝基系透明漆，使表面能變得平坦後，再用消光透明漆噴塗覆蓋。

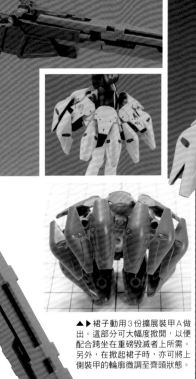

◀▼為讓重磅毀滅者用來固定女神的連接臂能更為自由地靈活調整角度，因此拿可動範圍較廣的M.S.G來拼裝搭配。加上貓型的浮雕裝飾後，看起來也更時髦呢。

▲▶裙子動用3份擴展裝甲A做出。這部分可大幅度掀開，以便配合跨坐在重磅毀滅者上所需。另外，在掀起裙子時，亦可將上側裝甲的輪廓微調至齊頭狀態。

## 女神裝置 魔導少女（萬聖節Ver.）

因為收到的委託是「請您按照個人喜好自由發揮」，所以我便使用M.S.G和六角機牙重磅毀滅者來製作出萬聖節樣式囉。

雖然原系列的更換配色版套件早就用過這個主題，不過這也是無可奈何的事呢……即使如此，我個人相當中意這款魔導少女，而且她真的很可愛，於是便毛遂自薦擔綱製作這件範例囉。

## 修改部分

由於希望帽尖呈現彎曲下垂的模樣，因此用AB補土做出這個造型。裙子部位動用3份M.S.G的擴展裝甲A，而且製作成宛如南瓜的模樣。連接機構也是從M.S.G系列中挑選合適的來拼裝製作。

由於希望將重磅毀滅者做成能像掃把一樣跨坐在其上的交通工具，因此便替換組裝成細長狀的造型囉。為帶給人利用魔法陣來浮空飛行的印象，於是設置這類的透明零件。

臉孔的可愛程度可說是女神系列第一！因此僅用琺瑯漆稍加描繪修飾，以便增添視覺資訊量。

## 女神裝置的塗裝

女神裝置素體本身的可動範圍就已經相當寬廣，能夠擺出十分自然流暢的動作，不過比起全面塗裝，建議還是採用保留成形色的局部塗裝方式。以我個人來說，基本上膚色部位幾乎都會保留原有的成形色。這樣一來不僅在擺設動作時能避免刮漆，還能保留塑膠材質本身的透明感。當然膚色零件多少會留有接合線，不過只要有仔細地做過表面處理也就足夠。

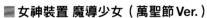

壽屋 1/1比例 塑膠套件
女神裝置 BULLET KNIGHTS 砲手 改造

**女神裝置**
**BULLET KNIGHTS**
**砲手**
**悍馬模式**
製作、撰文／**Blondy 51**

KOTOBUKIYA 1/1 scale plastic kit
MEGAMI DEVICE BULLET KNIGHTS
LAUNCHER conversion
MEGAMI DEVICE BULLET KNIGHTS
LAUNCHER UNRULY MODE
modeled&described by Blondy 51

## 將最新作詮釋成
## 自走砲狂飆模式

在此要介紹以 BULLET KNIGHTS 砲手為基礎做出的範例。砲手的首要特徵，正在於巨砲能夠變形為可供女神搭乘的「騎乘模式」，範例中則是加裝車輪進一步豪邁地詮釋成「自走砲狂飆模式」。還藉由將配色整合為黑色系，造就更具成熟（？）氣息的女神。

# 你可有本事駕馭
# 狂野如斯的悍馬？

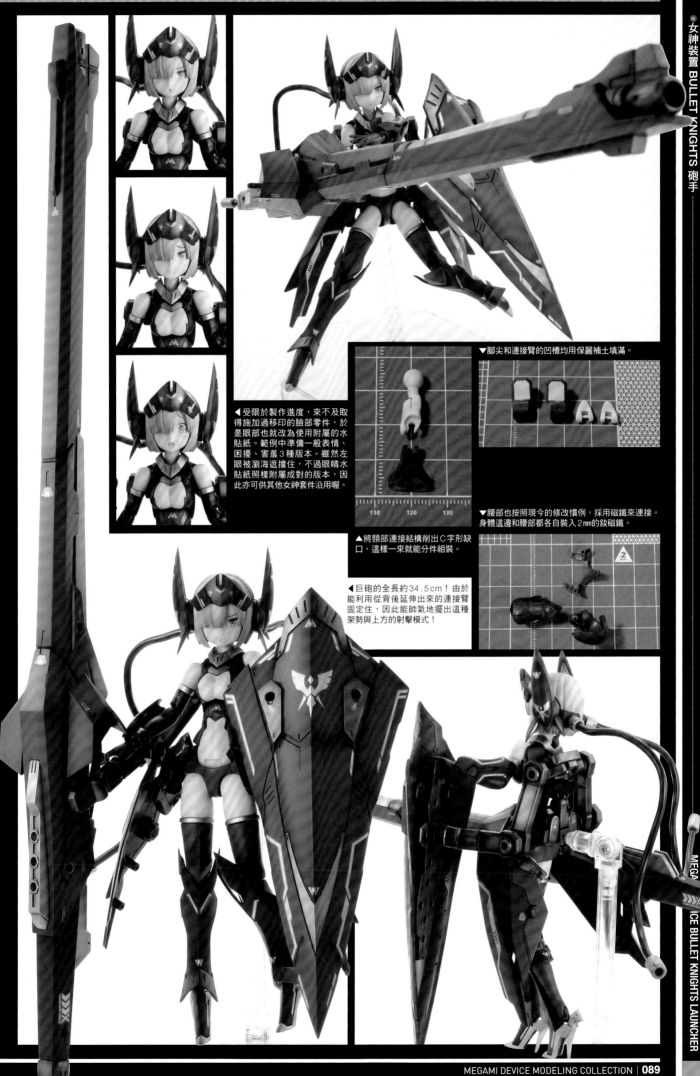

▼腳尖和連接臂的凹槽均用保麗補土填滿。

◀受限於製作進度,來不及取得施加過移印的臉部零件,於是眼部也就改為使用附屬的水貼紙。範例中準備一般表情、困擾、害羞3種版本。雖然左眼被瀏海遮擋住,不過眼睛水貼紙照樣附屬成對的版本,因此亦可供其他女神套件沿用喔。

▲將頸部連接結構削出C字形缺口,這樣一來就能分件組裝。

▼腰部也按照現今的修改慣例,採用磁鐵來連接。身體這邊和腰部都各自裝入2mm的釹磁鐵。

◀巨砲的全長約34.5cm!由於能利用從背後延伸出來的連接臂固定住,因此能帥氣地擺出這種架勢與上方的射擊模式!

▼這是為巨砲裝設車輪後所構成的自走砲狂飆模式。車輪是沿用「六角機牙・光刃衝擊」的零件。

▼在女神的搭乘下狂飆一番吧！這時選用困擾表情還真是絕配呢♥

▲素體模式。由於膚色部位保留了成形色，因此這個部分選用gaianotes製膚色的有色瞬間補土來進行無縫處理。

◀由於前輪部位可活動，因此能呈現如同蹺孤輪般讓機首向上抬起的狀態。可說是名副其實的悍馬呢。

## ■總之是非常長──的武器！

這次我要擔綱製作的範例是「BULLET KNIGHTS 砲手」，話說她那長得過頭的武器（正面意義）「長管巨砲」，以及巨大護盾「大盾」都很引人注目呢。而且這些武器還能組裝成交通工具「騎乘模式」，娛樂性真是太讚啦。雖然責編說這件範例「隨你自由發揮」……不過原本的設計其實就很精湛，為避免不到家的技術修得更差，我決定採取為「騎乘模式」追加擴充性的車輪和增裝裝甲，還有按照個人喜好更改配色的做法來呈現。不過說穿了就是替很有震撼性的長管巨砲裝上了車輪，讓它能構成自走砲狂飆模式罷？總之就是如此……

## ■組裝

素體方面這次也挑戰女神裝置界諸位前輩施加的修改。也就是為便於塗裝起見，將頸部修改成能夠分件組裝的形式，以及將腰部改用釹磁鐵來連接。後者是分別在身體和腰部這兩側都裝入2㎜的釹磁鐵。經過如此修改後，拆開腰部零件時就用不著擔心刮漆的問題。另外，素體的腳尖，還有武裝連接臂這兩處的凹槽則是用保麗補土填滿。

雖然長管巨砲這個部分幾乎是直接製作完成，不過動力管狀部位則是先整個削掉，再改用3㎜的網紋管來重製。

## ■擴充零件

「騎乘模式」追加的車輪零件取自「六角機牙・光刃衝擊」。裝甲零件選用「巨神機甲06 速度侵略者」的整流罩零件。該裝甲零件還能構成如同長裙的武裝模式，佩掛在腰際。

## ■塗裝

膚色部位保留成形色，僅用gaiacolor的「肌膚陰影色」噴塗陰影。在噴色方面，為凸顯出附屬水貼紙中的金色，因此暗灰色系和暗紫色系都選擇較暗沉的色調。

素體灰色部位＝中間灰 V（gaiacolor）
素體紫色部位＝暗紫色（gaiacolor）
金＝GX 紅金
武裝灰色部位＝中間灰 III ＋午夜藍＋紫色（少許）

**10**

壽屋 1/1比例 塑膠套件
女神裝置 BULLET KNIGHTS 槍兵 改造

## 女神裝置
# BULLET KNIGHTS
## 槍兵
## 大型空戰模式

製作、撰文／Blondy 51

KOTOBUKIYA 1/1 scale plastic kit
MEGAMI DEVICE BULLET KNIGHTS
LANCER conversion
MEGAMI DEVICE BULLET KNIGHTS
LANCER LARGE AIR BATTLE
modeled&described by Blondy 51

## 將槍兵的騎乘機體
## 強化為大型空戰模式！

　　這件範例是以 BULLET KNIGHTS 槍兵為基礎，
交由 Blondy 51 來擔綱製作的。和先前的砲手一樣，
「槍兵」的首要特徵在於能夠變形為「騎乘模式」
供女神搭乘，因此這次也加裝重武裝組件等各式
M.S.G，進而強化為大型空戰模式。至於配色則是詮
釋成以紅色和白色為基調。

# 翱翔天際的槍騎兵

▲◀在武裝版頭部上加工，讓SOL雀蜂的頭盔側面零件能裝設至該處。這部分是在雀蜂的零件內側用瞬間補土固定住3mm連接機構而成。

◀臉部選用無移印的空白臉，並且用水貼紙重現眼部。「嚴肅臉」是詮釋成與移印版相反的視線。腮紅是將NOUVEL CARRE粉彩的玫瑰014用400號砂紙磨成粉末狀後拿來塗布而成。白色高光效果和嘴部塗裝則是選用琺瑯漆來上色。

▶在試組時就使用電雕刀將股關節和膝關節部位的接合線端點削磨平整，這樣該部位在完成後會顯得更美觀。

▲（右）身體這邊是在組裝槽鑽出2mm的孔洞，裝入2mm×1mm的釹磁鐵。至於腰部零件則是把內側削掉約1mm，騰出裝設釹磁鐵的空間，然後用瞬間補土將釹磁鐵固定在該處。（左）將長槍和長管巨砲的動力管狀部位削掉，改用3mm網紋管重現。

▶由於動用槍騎兵和砲手這兩款套件來製作，因此亦可重現2面護盾形態，或是長槍＆巨砲的雙重裝備形態。

◀▲除槍兵和砲手的武裝之外，亦運用「重武裝組件18 狂暴推進器」、「重武裝組件22 輕量極致之翼」、「機械配件14 向量推進器A」等材料加大騎乘模式的尺寸。只要加上狂暴推進器和輕量極致之翼這類大型的M.S.G組件，即可充分地營造出大型空戰機的形象。

## ■原本以為只要做槍騎兵就好……

繼砲手之後，這次也由我來擔綱槍兵的範列。相對於先前著重在陸戰型的表現方向，於是為騎乘模式加裝車輪的做法，這次基於看槍兵的造型之後，覺得為騎乘模式加裝推進器，構成火箭模式也不錯……因此提出這個想法，結果編輯部方面隨即回覆「會連同甫用的砲手一起寄給你」，這個結果還真是出乎我的意料之外呢！

換句話說，這是要我使用2款套件來製作羅？在開心之餘，亦調整原本的構想，改為進一步加上砲手的武裝零件。結果就是毫不吝惜地把槍兵和砲手的武裝加上去，造就這＋大型空戰模式。

## ■組裝

素體本身和之前一樣，除施加分件組裝式修改之外，還為某些部位裝設釹磁鐵。為腰部裝設釹磁鐵時，試著採用比之前更簡單的方式來處理。主體改造部位包含將素體模式的腳加工成高跟鞋風格，以及為武裝模式的頭部追加零件。高跟鞋是沿用魔法少女的腳尖和靴底製作而成。雙耳外側是加工成能夠裝設SOL雀蜂的零件，原有零件改為裝設在頭部後側管線的連接部位上，做成獸耳風格。至於武裝零件的改造之處則是和先前相同，也就是先將動力管零件削掉後，最後改用3mm網紋管重製。

## ■塗裝和水貼紙

膚色的部分則按照慣例保留成形色，僅使用gaiacolor的「肌膚陰影色」噴塗陰影。

白＝中間灰 I
灰＝中間灰 III
紅＝深紅
銀＝星光硬鋁色

※以上全都是使用gaiacolor。水貼紙除使用套件本身附屬的之外，另外亦搭配使用HIQPARTS出品的「TR水貼紙」和「贊助商LOGO水貼紙」。

## ■後記

這件範例動用槍兵和砲手雙方的武裝零件來製作。等完成後將各部位組裝起來時，不僅試著同時配備長槍和巨砲……亦嘗試改為掛載雙盾……總之可以自行搭配組裝出許多種形態呢。能夠具有自由替換組裝的玩法，這可說是女神裝置值得推薦的優點之一呢。

11

# 史上最強的女神

使用壽屋 1/1比例 塑膠套件
女神裝置 BULLET KNIGHTS 槍兵＆砲手

**女神裝置
BULLET KNIGHTS
砲手進化型**

製作、撰文／**吉村晃範**
（JUNE ART PLANNING）

KOTOBUKIYA 1/1 scale plastic kit
MEGAMI DEVICE BULLET KNIGHTS
Launcher&Lancer use
BULLET KNIGHTS Launcher Evolution
modeled&described by Akinori
YOSHIMURA(JUNE ART PLANNING)

## 結合槍兵與砲手
## 製作出超強勁原創女神裝置

　　一提到女神裝置，就會聯想到拿走鵰鳥和雀蜂、忍者和弓兵這類同系統的2種相異機型作為素材，結合各自的武裝來製作出全新裝備這種做法。在此正是將同樣擁有可騎乘式大型裝備的BULLET KNIGHTS 槍兵＆砲手這兩者結合為一體。而且不僅是武裝，就連主體也製作成融合為一體的形式。

　　擔綱製作者乃是曾為《機甲少女》經手過諸多拼裝搭配範例的吉村晃範。藉由大量裝設RAMPAGE推出的改造零件，造就可愛女孩揮舞著超大型武裝，可說是充滿極度反差感的女神。

▲一舉裝設槍兵與砲手的武裝，造就超具分量的範例，而且還施加豪華的珍珠質感塗裝。珍珠白部位是按照以粉紅色底漆補土作為底色→刻線部位和紋路的暗紫羅蘭色→終極白→月長石珍珠漆的順序噴塗，最後再施加分色塗裝。

▼腿部線條部位是先用粉紅色塗裝→貼上微型遮蓋膠帶加以保護→按照黑色、藍色的順序塗裝，為背面添加點綴。

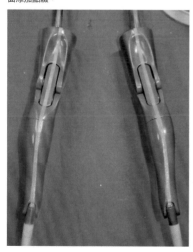

▲胸口選用HIQPARTS出品的「紋身水貼紙」作為重點裝飾。

▶由於打算施加珍珠質感塗裝，為便於塗裝起見，因此從槍兵和砲手匯集成形色為白色的零件來組裝。

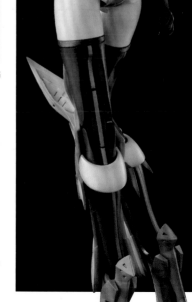

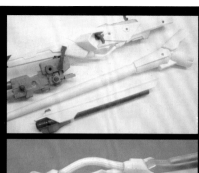

▲將M.S.G破壞刺槍裝置用3mm軸棒和金屬練來連接。巨砲用連結結構和各部位增裝零件都是取自以往製作範例時剩下的零件。原為塑膠材質的動力管部位則是整個削掉，再改用白色的HIQPARTS製3mm網紋管來重現。

▲▶頭髮選用「改造零件套組006 朱羅 影衣用」。由於該套組為朱羅用，與槍兵＆砲手其實沒有互換性，因此臉孔內部選用朱羅的零件，並且移植分割自砲手零件的雙耳。頭髮內側亦經過削磨調整，以便騰出能順利容納砲手臉部的空間。

▲左右側裙甲並未使用到需要裝設在前側的K12、K16這兩個3mm組裝槽零件，而是用保麗補土和塑膠板將該處修整平坦。砲手用頭部零件也改為設置在腰部上，這部分是先將凹槽填滿，再用黃銅線組裝到側裙甲上。

▶胸甲選用RAMPAGE製零件。襟領處裝設M.S.G機械浮雕，背後的組裝槽也用塑膠棒和補土填滿。前臂沿用自機音少女 初音未來。不過直接沿用會使得可動部位留有較大的空隙，因此上臂的可動部位也用得0.3mm塑膠板增寬，使兩者能更為契合。

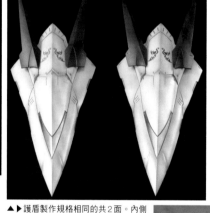

▲▶護盾製作規格相同的共2面。內側設置M.S.G手持加特林機槍，和取自骨裝機兵驅動骨骼的雙臂。背面掛架臂動用2份套件的零件來製作，詮釋成可供護盾和長管巨砲雙方使用的形式。包含握把部位在內，為盡可能不留下空隙，因此將凹槽部位全都填滿並打磨平整。不僅如此，用紋路塑膠板和鉚釘零件追加細部結構。

本次主題是要結合槍兵和砲手做出超醒目的強勁女神。因此我便拿這2份套件，以及手邊現有的壽屋零件詮釋一番。不僅如此，更拿RAMPAGE製「改造零件套組006 朱羅影衣用」來搭配。若是各位願意花時間仔細品味這整件範例，那將會是我的榮幸。

■ **女孩子主體**

把頭髮換成改造零件後，整體的氣氛就顯得有所不同，追加的瀏海部位則是用黃銅線來固定。胸甲是將襟領部位鑽挖開孔，以便修改成能裝設鎧甲的形式。話說每次製作期間都會有不少「想要加裝這個，但也想裝上那個」之類突然靈光一閃的點子。雖然終究還是得在計畫和現實之間做出取捨，不過能

努力做出理想中的樣貌，這也是拼裝製作的樂趣所在呢。

腹部臍珠其實是拿機車模型用0.5mm鋁製鉚釘來呈現。

■ **武裝**

以作為賣點所在的巨砲為基礎，搭配長槍和M.S.G拼裝，做出比原本更長的大型砲。

由於手邊剛好有2份手持加特林機槍，因此便趁這個機會裝設在2面護盾內側。至於護盾表面則是加裝砲手用的裙甲零件。

■ **塗裝**

白色部位是先噴塗屬於紋路處的暗紫羅蘭色，再將紋路遮蓋起來，然後才噴塗白色。平面部位不僅噴塗成能隱約透出作為底色的

粉紅色，還營造出會隨著觀看角度不同而呈現各種色調的效果。等到用月長石珍珠漆噴塗覆蓋後，接著才是用暗灰色來入墨線。

紅＝紅色2號
藍＝用鋼鐵藍＋紫羅蘭紫、黑色、白色來配出適當色調
紫＝紫羅蘭紫
粉紅＝粉彩色調金屬粉紅2
加特林機槍主體＝金屬灰
槍管、掛架臂部位＝碳黑、超級鈦色
銀＝鉻銀色
頭髮＝以桃心花木色作為底色→寫實金髮漆金髮底色→寫實金髮漆高光色

# MEGAMI DEVICE
## MODELING COLLECTION
### 女神裝置模型精選集

**STAFF**

企劃・編輯●木村 学

編輯●木村 学
　　　伊藤大介
　　　宮里章弘

封面設計●吉村晃範（JUNE ART PLANNING）

設計●二階堂千秋（くまくま団）

攝影●株式会社スタジオアール
　　　井上写真スタジオ

協力●株式会社壽屋
　　　合同会社ランペイジ

| | |
|---|---|
| 出版 | 楓樹林出版事業有限公司 |
| 地址 | 新北市板橋區信義路 163 巷 3 號 10 樓 |
| 郵政劃撥 | 19907596　楓書坊文化出版社 |
| 網址 | www.maplebook.com.tw |
| 電話 | 02-2957-6096 |
| 傳真 | 02-2957-6435 |
| 翻譯 | FORTRESS |
| 責任編輯 | 江婉瑄 |
| 內文排版 | 謝政龍 |
| 校對 | 邱鈺萱 |
| 港澳經銷 | 泛華發行代理有限公司 |
| 定價 | 420 元 |
| 初版日期 | 2021年11月 |

國家圖書館出版品預行編目資料

女神裝置模型精選集 / HOBBY JAPAN編集部作
; FORTRESS翻譯. -- 初版. -- 新北市：楓樹林出
版事業有限公司, 2021.11　　面；　公分

ISBN 978-986-5572-58-7（平裝）

1. 玩具 2. 模型

479.8　　　　　　　　　　　　　110014692